SI NUESTRA PIEL HABLARA

Si nuestra piel hablara

La nueva ciencia de la piel

James Hamblin

Traducción: Estela Peña Molatore

Grijalbo*vital*

Penguin
Random House
Grupo Editorial

Si nuestra piel hablara
La nueva ciencia de la piel

Título original: *Clean*
The New Science of Skin

Primera edición: agosto, 2022

Índice

Prólogo

Hace cinco años dejé de bañarme.

Al menos, según la mayoría de las definiciones modernas de la palabra. Todavía me mojo el cabello de vez en cuando, pero dejé de lavarme con champú o acondicionador, o de usar jabón, excepto en las manos. También me olvidé de los demás productos de cuidado personal: exfoliantes, cremas hidratantes y desodorantes, que siempre había asociado con la limpieza.

No estoy aquí para recomendar este enfoque para todo el mundo. En muchos aspectos fue terrible. Pero también cambió mi vida.

Me gustaría decir que dejé de bañarme por una noble y virtuosa razón; por ejemplo, porque para un baño promedio en Estados Unidos se utilizan unos 75 litros de agua buena. Esa agua se llena de detergentes derivados del petróleo y de jabones fabricados con aceite de palma cultivado en tierras que, de otro modo, seguirían siendo selvas tropicales. Los productos para el cuidado del cuerpo que se transportan por todo el mundo en barcos y trenes —que consumen combustible— contienen conservadores antimicrobianos y microperlas de plástico que acaban en los lagos y arroyos, y se abren camino hasta nuestros alimentos, aguas subterráneas y de nuevo hasta nuestro propio cuerpo. En pasillos y más pasillos de las farmacias de todo el mundo se venden productos en botellas de plástico que nunca se biodegradan y acaban flotando juntas como islas en los océanos. Islas con las que las ballenas intentan, trágicamente, aparearse.

Lo último sobre las ballenas no es cierto (espero). Pero lo demás son efectos globales de los hábitos diarios en el baño en una escala de 7 000 millones de personas que no había considerado realmente cuando dejé de bañarme.

Para mí empezó de forma sencilla. Ni siquiera se trataba realmente de bañarme. Acababa de mudarme a Nueva York, donde todo es más pequeño, más caro y más difícil. Poco antes había dejado una carrera de medicina en Los Ángeles para intentar ser periodista. En contra del consejo de casi todo el mundo, estaba pasando de una profesión que prometía un salario de medio millón de dólares a un mercado laboral que implosionaba a nivel mundial. Me había mudado al otro lado del país y estaba de nuevo en la parte inferior de la escala profesional, en un departamento-estudio, sin un camino claro en ninguna dirección, y mucho menos hacia delante o hacia arriba. Un mentor me sugirió que no empezara a subir de nuevo a menos que comprobara que mi escalera estaba apoyada contra la pared correcta.

No quería decir "dejar de bañarte", creo. Pero lo vi como un momento para hacer un balance de todo lo que había en mi vida. En el proceso de esta auditoría existencial consideré las posesiones y los hábitos de los que podría, al menos, intentar prescindir. Reduje el consumo de cafeína y alcohol, desconecté la televisión por cable y el internet y vendí mi coche, limitando así todo lo que pudiera ser un costo elevado, recurrente y sin sentido. Jugué con la idea de vivir en una camioneta, porque Instagram lo hacía parecer muy glamuroso, pero mi novia y todos los demás miembros de mi vida me lo desaconsejaron de forma categórica.

Aunque no gastaba mucho dinero en jabón y champú, sí que pensaba en la cantidad neta de *tiempo* que dedicaba a usarlos. Los economistas del comportamiento y los expertos en productividad a veces cuantifican los efectos aditivos de las pequeñas elecciones para ayudar a las personas a romper sus hábitos. Por ejemplo: si fumas una cajetilla al día en Nueva York, gastas casi 5 000 dólares al año. En los próximos 20 años, con los aumentos de costos previstos, dejar de fumar podría ahorrarte casi 200 000 dólares. Si dejaras de comprar tanto Starbucks, tal como yo lo entiendo, podrías tener una segunda casa en las Bermudas. Si dedicas 30 minutos al día a bañarte y a aplicarte productos, en el transcurso de una vida longeva, pensemos de 100 años siendo optimistas y para facilitar las matemáticas, pasarás 18 250 horas bañándote. A ese ritmo, dejar de bañarte libera más de dos años de tu vida.

Amigos y familiares me sugirieron que tendría problemas para disfrutar del tiempo extra porque me sentiría asqueroso, desaliñado. A mi madre le preocupaba que me enfermara por no deshacerme de los gérmenes. Tal vez echaría de menos la humanidad básica de las rutinas que nos obligan a dedicarnos tiempo a nosotros mismos, y que nos dan al menos cierta apariencia de poder para presentarnos tal como deseamos que el mundo nos vea. O echaría de menos el simple ritual de tomar un buen baño caliente y salir cada mañana como una persona nueva, lista para afrontar el día.

Pero ¿qué pasaría si nada de esto ocurriera? ¿Y si en realidad tuviera menos resfriados y mi piel tuviera mejor aspecto, y encontrara otras rutinas y rituales mejores? ¿Y si todos esos productos que tenemos en el cuarto de baño —champús para eliminar la grasa del cabello y acondicionadores para sustituirla; jabones para eliminar la grasa de la piel y cremas hidratantes para reponerla— sirvieran sobre todo para que compráramos más productos? ¿Cómo lo podemos saber si nunca hemos pasado más de un par de días sin ellos?

"Sé lo que es no bañarse —es la respuesta más común de los escépticos—, y no es nada bueno." A lo que yo respondo que sí. Como bebedor de café, sé lo que es estar sin café, y no es bueno. Sé lo que es entrar en una fiesta en la que no conozco a nadie, y no es bueno. Sé lo que es intentar correr un maratón sin entrenar, y no es bueno. Pero también sé lo que es consumir cada vez menos cafeína, y llegar a sentirme en casa en nuevos círculos sociales, y poder correr 41 kilómetros sin anhelar el dulce abrazo de la muerte.

Si el cuerpo humano incorpora de forma gradual estos retos es más fácil lograrlos e incluso disfrutarlos. Lo mismo puede ocurrir con el cambio de hábitos de limpieza diaria. Con el paso de los meses, y luego de los años, a medida que usaba cada vez menos, empecé a necesitar cada vez menos, o a creer que lo necesitaba. Mi piel se volvió poco a poco menos grasa y tuve menos manchas de eczema. No olía a pino ni a lavanda, pero tampoco olía al olor corporal a cebolla que solía tener cuando mis axilas, acostumbradas a estar cubiertas de desodorante, de repente pasaban un día sin él. Como dijo mi novia, olía "como una persona". El escepticismo inicial se convirtió en entusiasmo.

No me hago ilusiones de que nunca haya olido mal. Pero cada vez ocurría con menor frecuencia. Empecé a ser consciente de los patrones. Los brotes o el mal olor solían coincidir con otros factores: el estrés, la falta de sueño, la falta de bienestar. En la plantación de árboles de mi familia en Wisconsin o en las vacaciones de senderismo en Yellowstone, cuando podía pasar varios días sin agua corriente, estaba casi garantizado que olería y tendría un aspecto decente. En la indolencia de los días de invierno, en los que apenas me movía si no era para ir y venir de la oficina, me sentía miserable y olía en consecuencia. En esencia, me volví más atento a lo que mi cuerpo estaba "tratando de decirme". Parecía que no me decía "lávame" sino "sal a la calle, muévete, socializa, etcétera". (Mi cuerpo sigue diciendo a veces "etcétera".)

Pude dejar de bañarme en gran parte porque nací con un crédito extra en la moneda de cambio de aceptación de los Estados Unidos: soy un hombre blanco, libre de discapacidad, con aspecto sano en general. Soy relativamente joven y puedo permitirme comprar ropa que me quede bien y no esté hecha jirones (o que incluso lo esté a propósito), y lavarla y cambiarla de forma regular. Sé leer y escribir y hablo con fluidez el idioma local dominante. Todas estas cosas, entre otras, significan que me muevo por el mundo absuelto de las expectativas de tener un determinado aspecto para ser percibido como alguien que pertenece. Incluso cuando no estoy bañado o arreglado, es muy probable que se me siga considerando competente o profesional o bienvenido en un restaurante. En otras palabras, apenas tengo que hacer nada para que me vean como alguien limpio.

Las normas sociales que durante mucho tiempo dieron valor a estas cosas se relacionan con la historia de la higiene y la sanidad. Algunas ideas sobre la limpieza son casi universales, impulsadas por los sentidos de asco y repugnancia que tienen raíces evolutivas en evitar enfermedades y en la autoconservación. Pero otras van mucho más allá de la ciencia de las enfermedades infecciosas o de la exposición a tóxicos. Las rutinas adoptadas para protegernos de las enfermedades se han convertido en prácticas determinadas socialmente, transmitidas a través de complejos sistemas de creencias que definen dónde encajamos en el mundo y nos ayudan a alcanzar el equilibrio adecuado de pertenencia y singularidad. E incluso nuestras decisiones más personales sobre el cuidado de nuestro cuerpo han sido influidas y manipuladas durante mucho tiempo por estructuras de poder más amplias.

Mientras escribía este libro, también me gradué en salud pública y terminé una residencia en medicina preventiva. Esta especialidad relativamente nueva se considera un contrapeso de una cultura médica que ha llegado a centrarse demasiado en soluciones reactivas y tratamientos estrechos y temporales que dejan sin abordar las causas básicas y los problemas funcionales. En su lugar, se centra en cómo prevenir la enfermedad antes de que empiece, lo que a menudo se reduce a garantizar que la gente tenga acceso a cosas básicas como una alimentación decente o agua limpia, y comunidades en las que puedan llevar una vida comprometida, activa y plena. La salud significa cosas diferentes para cada persona, pero siempre está asociada con cierto nivel de libertad, en especial libertad económica y temporal, que permite a las personas vivir bien y centrarse en las relaciones y en un trabajo significativo.

Esa filosofía básica me hizo sentir más curiosidad por el dinero y el tiempo que invertimos de forma colectiva en el cuidado de la piel, y por las normas que definen lo que es aceptable. Muchas de ellas son resultado de una industria que, durante los últimos 200 años, nos ha vendido promesas de salud, felicidad, belleza y todo tipo de aceptación basada en soluciones literalmente superficiales. Y así acabé en un viaje de varios años por la historia y la ciencia del jabón, descifrando las fortunas, los productos y los sistemas de creencias que ha generado, desde el "boom del jabón" del siglo XIX hasta la industria moderna del cuidado de la piel. Tras hablar con microbiólogos, alergólogos, genetistas, ecologistas, esteticistas, entusiastas del jabón en barra, capitalistas de riesgo, historiadores, amish, voluntarios internacionales y algunos estafadores de arte, llegué a la conclusión de que estamos en el comienzo de un cambio radical en la concepción básica de lo que significa estar *limpio*.

El mercado mundial de jabones, detergentes, desodorantes y productos para el cuidado del cabello y la piel está valorado en la actualidad en billones de dólares. El desfile de frascos, tubos y botellas que llenan las bañeras y los botiquines modernos supera las colecciones de los monarcas del pasado. Mucho se nos vende no como lujo sino como necesidad. La industria ha crecido hasta niveles sin precedentes, en gran medida con la promesa de defender nuestro cuerpo del mundo exterior.

A medida que el alcance y la intensidad de las prácticas globales de limpieza se han extendido, hemos sido ajenos a sus efectos sobre los billones de microbios que viven en la piel. Los científicos están aprendiendo ahora cómo estos microbios influyen en los procesos de todo el cuerpo. La gran mayoría de los microbios de la piel parecen ser no sólo inofensivos, sino que son importantes para la piel y, por tanto, para el funcionamiento del sistema inmunitario.

La microbiota de la piel representa una nueva e importante razón para reconsiderar gran parte de la sabiduría recibida sobre el jabón y el cuidado de la piel, y para reflexionar de forma deliberada sobre los hábitos diarios que muchos de nosotros infravaloramos en busca de la salud o el bienestar. La piel y su microbiota son la interfaz entre nuestro cuerpo y el mundo natural. Los microbios son en parte nosotros y en parte no. El creciente conocimiento de este complejo y diverso ecosistema tiene el potencial de cambiar por completo nuestra forma de pensar sobre la barrera entre nosotros y el entorno.

Este libro, en definitiva, es una invitación a abrazar la complejidad del mundo que nos rodea y que rodea nuestra piel. Aunque no dejes de bañarte.

Escribí este libro en los años anteriores a la pandemia de coronavirus, que se declaró justo cuando íbamos a imprimirlo, por lo que no encontrarás ninguna mención al covid-19 en las siguientes páginas. Las historias y los principios que comparto no son menos relevantes en esta nueva era de concienciación sobre las pandemias, mientras nos recuperamos de una y nos preparamos para la siguiente. Tal vez más que nunca, éste es un momento importante para examinar nuestros hábitos diarios, y reflexionar sobre lo que consumimos y cómo nos relacionamos con el mundo natural. Tengo la esperanza de que un conocimiento consciente de la vida microbiana nos sirva en los próximos años.

1

Inmaculado

Salgo del elevador y entro en una oficina palaciega, bañada por el sol, que se eleva siete pisos sobre Bryant Park en Manhattan. Es el otoño de 2018, unos tres años desde la última vez que me lavé la cara. Estoy aquí para ver cuáles han sido los efectos.

Los pisos de madera están decorados con ramos de flores tan altos como cualquier ser humano. La chimenea tiene una repisa blanca, y desde algún lugar me llega una música etérea de flautas. Una cama cubierta con lino blanco aguarda bajo un candelabro. Ésta es la sede de una prometedora empresa de cuidado de la piel llamada Peach and Lily. Se basa en la tradición coreana y forma parte de un movimiento occidentalizado conocido como K-beauty (belleza coreana), que se centra en el mantenimiento de la piel, a menudo mediante un ritual de limpieza, tonificación, hidratación y mascarilla que puede incluir 10 o más pasos.

La fundadora de la empresa, Alicia Yoon, tiene una maestría por la Escuela de Negocios de Harvard. También es esteticista,

17

quizá es más conocida por su trabajo de popularizar la aplicación de baba de caracol en la piel. En sólo dos años, Yoon llevó a Peach and Lily de ser una pequeña boutique en internet a una línea completa de productos originales distribuidos por minoristas, como Urban Outfitters y CVS. La empresa llegó a la cima de una enorme ola. En Corea del Sur, donde la K-beauty se basa en una larga tradición, la industria se ha disparado hasta superar los 13 000 millones de dólares anuales. Su nueva popularidad en Estados Unidos ha contribuido a que el cuidado de la piel sea un segmento de la industria de la belleza que crece con mayor rapidez que el del maquillaje. Las ventas del cuidado de la piel de alta gama crecieron 13% sólo en 2018, significativamente más rápido que el PIB.

Me recibe en el ascensor una alegre asistente que me pide que me desvista. Le explico que he venido a hacerme un tratamiento facial. Se ríe y dice que lo sabe, luego me entrega una bata y un cuestionario sobre mi rutina de cuidado de la piel y me deja a solas para que me cambie.

A solas, reviso el cuestionario, que parece un formulario que se podría rellenar en la sala de espera de una consulta médica. Hay una pregunta sobre las alergias y la dieta, junto con una batería de preguntas sobre mi piel: ¿Qué exfoliantes utilizo? ¿Qué cremas hidratantes? ¿Qué sueros? ¿Qué limpiadores? ¿Con qué frecuencia he utilizado cada uno de ellos y en qué orden y combinación?

Es un ejercicio breve para mí, ya que no hago nada de eso. Yoon entra y me recibe con amabilidad, pero el tono cambia cuando ve el formulario casi en blanco y se entera de que no me he olvidado de rellenarlo.

"Dios mío", dice. "¿Estás seguro de que te vas a hacer un tratamiento facial?"

"¡Sí! Por supuesto… espera, ¿por qué no iba a estarlo?", no había considerado el riesgo. De repente me siento preocupado. "No sé… quiero decir, dímelo tú."

"Probablemente todo estará bien, es sólo que nunca antes he hecho esto en alguien… así", hace una pausa, tal vez triste o decepcionada o quizá ambas cosas a la vez.

Me recuesto y me pone una luz brillante en la cara. Toca mi mejilla con la punta del dedo, y luego con un poco más de firmeza. Vacilante, dice:

"¿Alguna vez te has tocado la cara?"

Es curioso que lo pregunte.

Me he propuesto no tocarme casi nunca la cara, desde que era un adolescente con "mala piel" que tenía la idea, ya obsoleta, de que el acné se produce por no limpiarse bien o con suficiente agresividad. Había veces que el acné se extendía hasta el párpado en forma de orzuelo que casi me hinchaba el ojo. La interacción social se hizo imposible porque el aspecto de mi ojo me quitaba toda la atención de cualquier conversación. Incluso después de que mi piel se curara durante la universidad, mantuve el hábito de mantener las manos, con sus bacterias y virus, lejos de mi cara.

Como no quiero entrar en esta larga historia, le digo a Yoon que me toco la cara "lo normal" y se pone a trabajar.

Yoon no es ajena a los "problemas" de la piel. Pasó gran parte de su vida luchando contra un eczema severo, a veces rascándose la piel inflamada hasta que no quedaba piel que rascar. "Crecí probando todo lo que había bajo el sol, incluso baños de cloro", me dice, refiriéndose a la dudosa práctica que pretende matar todos los microbios de la piel.

Pero cuando asistió a la escuela de estética en Corea, empezó a experimentar con nuevos rituales de cuidado de la piel para calmar la inflamación. Encontrar una rutina de productos suaves e hidratantes fue parte de lo que ha llamado su "parteaguas en el cuidado de la piel", y el enfoque que ahora comparte con sus clientes.

Yoon me aplica en el rostro el suero Glass Skin Refining Serum de Peach and Lily (el frasco promete una piel "translúcida y luminosa", así como "péptidos") y el aceite Pure Beam Luxe Oil (que "rellena y reequilibra" con aceite de jojoba), así como una mascarilla Super Reboot Resurfacing Mask que contiene agave azul, y una crema antioxidante de pudín de matcha, Matcha Pudding Antioxidant Cream. Me recomienda la mascarilla Original Glow Sheet Mask para uso doméstico, ya que contiene ácido hialurónico.

El ácido hialurónico retiene el agua, por lo que aporta volumen a la epidermis. Los bebés tienen mucho ácido hialurónico, lo que explica en parte que su piel sea suave, firme y tersa. Si ponerlo en la piel es lo mismo que tenerlo en la piel queda como una cuestión abierta. No sirve de nada cubrir el coche de gasolina o llenar la casa de tejas. Según los dermatólogos con los que he hablado, algunas formas del ácido *a veces* pueden penetrar en la piel, pero sólo los que tienen pesos moleculares más pequeños. La mascarilla de Peach and Lily no especifica si es del tipo que penetra en la piel, pero afirma que tiene un efecto "antienvejecimiento".

Es poco probable que sea una coincidencia que el boom del cuidado de la piel se produzca en un momento en el que la gente está perdiendo la confianza en la ciencia y en la medicina, y eso por una buena razón. Los dermatólogos, como muchos otros médicos, suelen ser pocos y caros. Y muchas personas sienten que la profesión les ha fallado. Si se puede decir que la piel es "buena" o "mala", es decir, incómoda, reseca, irritada, con ardor, dolorosa o que nos causa algún tipo de malestar, entonces nuestra piel colectiva está empeorando. Los índices de la enfermedad inflamatoria de piel conocida como dermatitis atópica, o eczema, están aumentando con rapidez. Según la Organización Mundial de la Salud (OMS), la prevalencia de la psoriasis se ha duplicado entre 1979 y 2008. El acné sigue afectando a las personas durante los años de mayor desarrollo social, y las investigaciones sugieren que también está aumentando en los adultos, especialmente entre las mujeres.

Las causas de estas tendencias son complejas y van mucho más allá de la propia piel. Por ejemplo, una revisión de estudios realizada en 2018 por la *Clinical, Cosmetic and Investigational Dermatology* (Investigación Dermatológica, Clínica y Cosmética) reveló que una de las razones del aumento del acné en las mujeres son los desequilibrios hormonales asociados con el "síndrome metabólico", término que designa la conjunción de diabetes, enfermedades cardiovasculares y obesidad. Los niveles elevados de insulina pueden hacer que el cuerpo convierta el estrógeno en testosterona, lo que apunta a factores de crecimiento en la piel que conducen a una mayor secreción de grasa, cambiando las poblaciones bacterianas y alimentando un ciclo de inflamación cuya culminación es un grano.

Con procesos tan elaborados como éstos —que subyacen en la apariencia de la piel—, no es de extrañar que los tratamientos tópicos, por sí solos, para el acné y otras afecciones cutáneas comunes a menudo funcionen de forma incompleta o poco fiable. Los tratamientos sistémicos rara vez son menos caprichosos. A veces se recetan anticonceptivos orales para intentar equilibrar un supuesto desequilibrio hormonal. Las personas toleran estas recalibraciones de modo muy diferente, y los resultados varían desde los que cambian la vida hasta los que son inútiles, además de tener los efectos secundarios de modificar toda la química del cuerpo sólo para tratar la piel. Los antibióticos tampoco ayudan de manera fiable, y los fármacos potentes como el

Accutane (isotretinoína) pueden causar defectos de nacimiento y, según muchos usuarios, una intensa depresión. En el caso de la psoriasis y el eczema, una persona puede ir y venir de tratamientos con esteroides durante gran parte de su vida, sin encontrar nunca una cura definitiva ni saber cuándo o por qué se producirá un brote. El efecto general de este proceso de prueba y error puede hacer que los pacientes crean que es mejor tomar las riendas del asunto en sus propias manos.

El deseo de control y certeza también hace que la gente quiera enfoques preventivos, aquellos que el sistema médico no ha tomado tradicionalmente en serio. Yoon observa una creciente demanda de productos que prometen "nutrir" o "proteger" la piel. En parte, esto se debe a la creciente preocupación por la contaminación atmosférica, según le cuentan los consumidores, y por la creciente intensidad de la radiación ultravioleta del sol, a medida que los gases de efecto invernadero disuelven la capa de ozono. Conforme la Tierra pierde esta capa protectora, la gente se ve obligada a aplicarse la suya propia.

Cada uno de los productos que Yoon aplica en mi rostro promete una amalgama de atractivo, protección y mantenimiento, difuminando la línea entre la mejora cosmética y la defensa esencial contra las *toxinas* y otros peligros ambientales. Compara algunos de los rituales con la nutrición de mi rostro, diciendo que ayudarán a "asegurar que tu piel tenga las vitaminas, los minerales y los ácidos grasos necesarios para mejorar". Empiezo a sentirme negligente.

Legalmente, los cosméticos no son alimentos. También se diferencian, en un sentido reglamentario, de los medicamentos en que no pueden afirmar que tratan o previenen enfermedades específicas. Pero los vendedores *pueden* comercializar estos productos porque afirman que mejoran y mantienen la salud, sin toda la carga burocrática que supone la aprobación de un medicamento para su venta en el mercado. Yoon forma parte de una nueva generación de empresarios que se encuentran en un lugar que no es exactamente la salud o la belleza, sino una mezcla de ambas. Los nuevos productos para el cuidado de la piel prometen obviar la necesidad de maquillaje y medicamentos haciendo que la piel tenga un buen aspecto "natural". Estos productos no se limitan a ofrecer una forma recreativa de alterar de manera temporal nuestro aspecto, sino que se acercan mucho más a lo que normalmente se consideraría un medicamento, es decir, a prevenir o solucionar un problema en el funcionamiento de la piel.

La nueva industria se salta los controles tradicionales, ya que los productos pueden comercializarse de forma agresiva directamente en nuestros *feeds* de Instagram. Los influencers de YouTube crean marcas personales basadas en soluciones antisistema para los "problemas" de la piel, hablando con un tono persuasivo que las escuelas de medicina quisieran aniquilar. Aquí, todo el mundo es un experto. Ninguna montaña de estudios puede anular lo que ha funcionado o no ha funcionado en tu caso.

Si alguna vez has estado descontento con tu piel, probablemente te sientas atraído por este tipo de promesas. Cuando los antibióticos recomendados por mi dermatólogo no me ayudaron a acabar con el acné de mi adolescencia, mi innovador padre dentista llegó a sugerirme que, puesto que probar más antibióticos orales podría tener efectos secundarios indeseables, podría aplicármelos por vía tópica. Así que tomé cápsulas de tetraciclina, las abrí, las mezclé con agua y me las froté por toda la cara. Entonces, en lugar de un simple enrojecimiento y abultamiento, conseguí un tono amarillento. La gente me preguntaba si había utilizado algún tipo de spray bronceador, como hacían algunos adolescentes del medio oeste en aquella época para dar la apariencia de haber salido de vacaciones. Me reí y les dije que eso era ridículo. De hecho, había probado eso, junto con casi todo lo demás, para intentar igualar la extraña paleta de colores de mi cara. Pero ¿sabes lo que ocurre cuando se añade el naranja al rojo y al amarillo? Obtienes un naranja más raro. Menos natural y más desconcertante.

Recostado sobre las sábanas de lino de Peach and Lily, por encima del ruido y la impersonalidad de las calles de la ciudad, no pienso en el marketing ni en mis angustias de adolescente, ni mucho menos. Si nunca te han dado un masaje facial, te aseguro que es maravilloso. Más allá de la sensación física del masaje y de la aplicación de productos, es un acto que elimina al instante cualquier cosa estresante que esté ocurriendo en tu vida, y te lleva a una sensación de ser un rey por un día. Otro ser humano se toma el tiempo y el esfuerzo de *frotarte la cara*, simplemente para que te sientas y te veas bien.

Una vez terminada la renovación, Yoon me carga una bolsa llena de muestras para que pruebe en casa. No puede darme nada del Glass Skin Refining Serum porque está agotado en todas partes y ni siquiera ella tiene suficiente. Se agotó en el mismo instante en que lo anunció.

"Tienes que cuidarte la cara", me dice, instándome a usar al menos un limpiador. Me río; ella no. Me sonrojo. Al entrar en el elevador, vuelve a decir, con firmeza: "Hay que hacer más cosas".

Cuando salgo a la calle después del tratamiento facial, de lo que aparentemente era un capullo de piel muerta y grasa en mi cara (¿quién lo diría?), experimento el mundo de forma diferente. Salgo a la luz del sol y —puede ser difícil de creer si nunca has pasado años sin limpiarte la cara y luego te has hecho un tratamiento facial de lujo— puedo sentir el mundo en mi cara de una manera que no sabía que era posible. Mi piel, la toqué, está definitivamente más suave. Y aunque sólo sea en mi cabeza, al instante percibo que me ven de forma diferente. Tal vez sea porque estoy más seguro de mí mismo o porque me veo más atractivo. Tal vez, simplemente, parezca una persona con los medios necesarios para ponerse matcha en la cara.

En cualquier caso, me siento distinto. A veces eso es algo deseable. No se trata necesariamente de ser mejor, sólo diferente. Me recuerda lo fácil que puede ser acostumbrarse a la forma en que el mundo nos trata, y llegar a concebir nuestro lugar en él de acuerdo con eso. Apenas lo hacemos, es fácil prestar atención sólo a las experiencias atípicas, cuando la gente es más amable o más desagradable con nosotros de lo que hemos llegado a pensar que merecemos. Este efecto también se produce en otros momentos de cambio físico drástico, como cuando nos arreglamos mucho o nos hacemos un corte de cabello radical. En esos momentos se puede palpar de forma incómoda el modo en que las apariencias influyen en cómo tratamos a los demás.

El otro cambio que siento será más duradero. Hasta este momento, había estado bien sin tratamientos faciales durante toda mi vida. Si alguna vez se me hubiera pasado por la cabeza, probablemente los habría descartado como una vanidad complaciente y, si soy sincero, como originario de Indiana, no es algo que hagan los hombres. Al menos, los tratamientos faciales no eran algo en lo que me interesara gastar mi tiempo y mi dinero. Pero ver cómo algo tan sencillo —como que alguien me frotara la cara— podía cambiar mi forma de moverme durante todo el día, desvaneció la sensación de frivolidad. Veo cómo, al igual que muchas cosas que parecen extravagantes la primera vez, estos sueros y aceites y mascarillas podrían perder su sensación inicial de lujo y empezar a sentirse rutinarios, incluso necesarios.

Muchos de los hábitos de limpieza que hoy damos por sentados comenzaron hace relativamente poco tiempo. En el transcurso de unos pocos siglos, las normas sociales y personales de higiene y limpieza en gran parte del mundo han pasado de un salto ocasional al río a un regaderazo o a un baño diario imprescindible. Ahora, incluso hablar de no bañarse no es, como me han dicho, "un tema de conversación durante la comida".

El ir y venir entre los mundos del minimalismo y el maximalismo me hizo sentir curiosidad por el equilibrio ideal. No quería empezar con otro hábito caro. (¿A poco los caracoles no necesitan su baba?) Pero tampoco quería perderme algo que claramente da mucha alegría a la gente y puede cambiar el curso de las interacciones diarias de forma significativa. ¿Qué debería hacer para cuidar mi piel? ¿Cuánto de lo que hace la gente tiene que ver con el disfrute o, al menos, con no disgustar a los demás o parecer negligente u olvidadizo, y cuánto podría mejorar en realidad mi propia salud y bienestar?

En cualquier caso, sería duro volver a no hacer nada.

Nunca he experimentado una mezcla tan equilibrada de amor, disgusto, curiosidad y virulencia como cuando escribí un breve artículo para *The Atlantic* en 2016 sobre cómo dejé de bañarme. Cientos de lectores me escribieron para expresar sus sentimientos en todo el espectro emocional: para decirme que se habían dado cuenta de lo que yo me había dado cuenta hace tiempo, para decirme que estaba loco y para saber si lo que estaban haciendo, en cuanto a higiene, era médicamente correcto.

Algunos lectores odiaron que un médico pudiera ser tan irresponsable como para insinuar que la higiene no importaba, tal como lo leyeron, dados los continuos brotes de cólera y las muertes anuales de cientos de miles de personas a causa de la gripe. Otros se enfadaron porque no había dejado claro que no bañarse era mi privilegio como hombre blanco en un país rico.

Otros pensaron que era totalmente obvio. Una mujer de Alemania llamada Patricia escribió: "¡No podría estar más de acuerdo contigo!" La suya fue una desintoxicación obligatoria. Acudió al hospital con un dolor de espalda insoportable el domingo de Pascua de 2007 y le dijeron que había sufrido un derrame cerebral. "Con sólo una mano y media, bañarse es un problema —escribió—. Pedí a amigos y vecinos que me dijeran si olía mal." Pero por lo demás, "todo estaba y está bien. Aparte de uno que otro 'baño vaquero', los baños se reducen a una vez al mes, más o menos". Sus pies dejaron de oler y notó que su piel y su cabello parecían producir menos grasa con el tiempo, lo que le permitía pasar más tiempo sin bañarse.

Una mujer de 89 años llamada Claire, que escribió desde Ontario, dijo que ella y su marido (que murió a los 96 años) nunca se bañaban. Lo veía como parte de un enfoque general de la salud, y adjuntó una foto como prueba de que parece más joven que otras personas de su edad. Llevaba una visera blanca y pantalones cortos y saludaba a la cámara: "Debido a mi extraordinario nivel de salud excepcional, quizá porque hago ejercicio y como de forma MUY selectiva, asombro a todos los que me conocen —escribió—. Ayer paleé nieve dos veces en la calle y ni siquiera me sentí cansada".

Le escribí para preguntarle cómo se le ocurrió la idea de no bañarse. "Bueno, ¿por qué nos lavábamos tanto? —preguntó—. ¿No tenemos una piel maravillosa que se descama todo el tiempo y se limpia sola, y el jabón no nos quita la grasa de la piel?" Ella veía todo esto como parte de una filosofía de vida básica que se ha hecho popular últimamente. Me sugirió que "comiera como un hombre de las cavernas".

Sí, Claire era una adepta de la dieta paleo. Su idea del "hombre de las cavernas" surgió a menudo en las respuestas que recibí: esencialmente, que la vida moderna es la causa de las enfermedades crónicas, y que si siguiéramos una "dieta paleo" y comiéramos principalmente carne de res y mantequilla, rechazando la tecnología resultante de los albores de la agricultura, estaríamos bien. Aunque, por supuesto, durante el Paleolítico, la duración de la vida humana era mucho más corta que la actual. Y no había vacas.

La vida del Paleolítico tenía sus ventajas. Los humanos de la época vivían en zonas tan poco pobladas, en comunidades y cuevas tan pequeñas, que podían utilizar los cursos de agua como retretes sin problemas. Muchos podían cazar y recolectar sin agotar los recursos. En el proceso estaban expuestos a los elementos: a la luz del sol, al calor y al frío, a la tierra y a los animales, y a otras personas que no eran, en ningún sentido moderno, "limpias".

Este modo de vida fue posible hasta hace muy poco en el ámbito de la historia de la humanidad. Ya en el siglo XVII la ciudad de Londres contaba con unos 200 000 habitantes. En la Segunda Guerra Mundial había aumentado a 8.6 millones. Hoy en día también hay esa cantidad de personas en la ciudad de Nueva York. La superficie interior de Manhattan es ahora casi tres veces mayor que toda la isla.

Cada uno de estos conglomerados humanos orientados verticalmente es un experimento vivo y radical de concentración de recursos y personas. La esperanza de vida media mundial es ahora de unos 72 años. Se espera que cada uno de nosotros utilice con regularidad la energía y el transporte, así como los productos de la agricultura industrial, que implican la aniquilación de árboles o la quema de combustibles fósiles que llenan el cielo de esmog y partículas. Éstas llegan a lo más profundo de nuestros pulmones, y es una de las principales causas de cáncer y enfermedades cardiacas. La OMS estima que inhalar la contaminación es la causa de siete millones de muertes cada año.

Si había relativamente pocas enfermedades crónicas en el Paleolítico era, en parte, porque mucha gente moría a causa de infecciones y lesiones. En los últimos dos siglos, en la mayor parte del mundo, las probabilidades de morir de una enfermedad infecciosa han caído de forma drástica. En cambio, las posibilidades de morir por una enfermedad crónica son mucho mayores que antes. A nivel mundial, el número de muertes debidas a enfermedades crónicas se acerca rápidamente a tres de cada cuatro.

A pesar de todos los beneficios de la medicina y la tecnología modernas, los nuevos sistemas de vida están involucrados en problemas de salud que antes eran mucho menos comunes. Las enfermedades autoinmunes, la diabetes y las enfermedades cardiovasculares están aumentando, al menos en parte porque muchas personas viven ahora más tiempo que en generaciones pasadas. Pero estas enfermedades crónicas también están afectando a los más jóvenes, lo que sugiere que de igual manera están relacionadas con nuestro estilo de vida y entorno.

En los últimos años se ha prestado mucha atención al papel del sistema alimentario y el sedentarismo en las enfermedades crónicas. La importancia de otros factores ambientales es menos reconocida. Entre ellos se encuentra el hecho de que, en muchas zonas del mundo, la gente vive ahora la mayor parte de su vida en interiores, en entornos de clima controlado donde no hay suciedad y pocas plantas y animales. Las ventanas permanecen cerradas excepto en los días más perfectos. En estos y otros muchos aspectos, la mayoría de la gente está alejada de muchas exposiciones que antes eran comunes.

Esta distancia es a veces necesaria. En 2019, cuando la niebla tóxica envolvió Delhi, se aconsejó a millones de personas que permanecieran en casa y evitaran la actividad física durante días. Este tipo de episodios de contaminación, así como los brotes de enfermedades infecciosas que exigen el distanciamiento, probablemente se produzcan cada vez con más frecuencia y en más lugares. Ya sea por necesidad o por preferencia, el modo de vida, cada vez más aislado y en interiores, parece haber contribuido a alterar el funcionamiento de nuestros sistemas inmunitarios y de la piel (nuestro principal sistema inmunitario), de una forma que apenas estamos empezando a comprender. Durante la mayor parte de la historia de la humanidad un aluvión constante de exposiciones a microbios entrenaba al sistema inmunitario para saber cuándo y cómo reaccionar. En la actualidad, un conjunto evolutivamente novedoso de insumos ambientales ha dejado a muchos de los sistemas inmunitarios confundidos, incapaces de distinguir lo que debe y lo que no debe provocar un brote en la piel. Esto no es ajeno al hecho de que a muchos de nosotros nos enseñan que es saludable y hasta necesario lavarnos minuciosamente, todos los días, incluso varias veces. Aun en lugares donde el riesgo de enfermedades infecciosas es bajo, se nos enseña a mantener una atención excesiva en la prevención. Se espera que no llevemos suciedad, barro o polvo visibles para que no se nos considere descuidados, perezosos, poco atractivos, poco sofisticados, maleducados, poco profesionales. En una palabra: sucios.

Suele ser en octubre, en el momento en que el aire canadiense empieza a deshumedecerse,cuando los hombres acuden a la consulta de Sandy Skotnicki. Los hombres tienen picazón.

Skotnicki tiene una perspectiva integral de la piel. Se formó como microbióloga antes de convertirse en profesora de dermatología y salud laboral y medioambiental en la Universidad de Toronto. Lleva 20 años ejerciendo la dermatología, siempre con la vista puesta en los efectos del entorno sobre la salud de la piel, incluidos los microbios.

"Les pregunto: '¿Cómo te bañas?'", me dice. Los hombres quieren culpar al cambio de estación, como si la piel humana sólo pudiera funcionar con normalidad durante el verano. Pero ella les hace hablar de sus rutinas de limpieza. "Toman la esponja y se lavan todo el cuerpo con una especie de 'lavado corporal para hombres'. Se bañan dos veces al día porque hacen ejercicio. En cuanto consigo que dejen de hacer eso y sólo les pido que se laven sus partecitas, están totalmente bien."

Pregunto por las "partecitas".

"Las partecitas serían las axilas, las ingles, los pies —afirma—. Entonces, cuando estás en el baño, ¿necesitas lavarte aquí? —señala su antebrazo—. No."

Su angustia es palpable cuando explica que gran parte de su trabajo como médico consiste en rogar a los hombres que no se enjabonen el cuerpo con gel de baño. Les dice que, en muchos casos, la hidratación se hace necesaria sólo porque la gente está demasiado metida en el ciclo de lavado.

Incluso el efecto del agua sola, aplicada a la piel, no es nulo. El agua, en especial cuando está caliente, elimina lentamente los aceites que segregan las glándulas para mantener la humedad. Cualquier cosa que deje la piel más seca y porosa aumenta el potencial de que reaccione a los irritantes y alérgenos.

Skotnicki cree que esto es parte de la forma en que el exceso de lavado daña la piel, haciendo que las personas que tienen una predisposición genética al eczema sean más propensas a desarrollar brotes. Aunque el eczema en sí mismo puede ser debilitante, a menudo está acompañado. La enfermedad parece formar parte de una constelación de afecciones derivadas de fallos del sistema inmunitario. Aproximadamente la mitad de los niños con eczema grave desarrollará rinitis alérgica o asma, como parte de una cascada de reacciones del sistema inmunitario conocida como "marcha atópica".

El concepto fue descrito por primera vez por alergólogos de la Universidad de Pensilvania y la Universidad de Chicago en 2003, cuando observaron estos patrones en los niños. Desde entonces, los vínculos han seguido confirmándose. Los estudios sugieren incluso el reciente aumento de las alergias a los cacahuates. En 2010 los alergólogos del King's College de Londres se mostraron "sorprendidos al descubrir" que los bebés con asma eran más propensos que sus compañeros a tener alergia a los cacahuates. En 2019 el director del Instituto Nacional de Alergias y Enfermedades Infecciosas, Anthony Fauci, aconsejó a los padres que "la intervención temprana para proteger la piel puede ser una de las claves para prevenir la alergia a los alimentos".

La idea de cuidar la piel para prevenir las alergias alimentarias no se comprende del todo, pero las recomendaciones recientes sugieren ahora que exponer a los niños pequeños a los cacahuates, en lugar de no dárselos del todo, puede disminuir su probabilidad de desarrollar una alergia grave a este alimento. Al igual que ocurre con las vacunas que los médicos administran para entrenar al sistema inmunitario a fin de combatir diversas enfermedades infecciosas, se cree que la exposición a pequeñas cantidades de cacahuate entrena al sistema inmunitario. Sin embargo, se sigue haciendo básicamente lo contrario con las afecciones inmunológicas de la piel. Muchos enfoques de tratamiento implican medicamentos inmunosupresores, antibióticos y, por supuesto, regímenes agresivos de limpieza e hidratación.

El eczema es tan común que a menudo se descarta como una molestia leve, lo que ocurre en muchos casos. Pero la enfermedad también puede hacer que una persona se sienta abatida. Puede afectar el sueño (la mayoría de los picores se produce por la noche) y el modo de vida, la capacidad básica de hacer cualquier cosa sin necesidad de rascarse. La enfermedad parece reunir todo lo que puede ir mal en la piel: una función de barrera alterada, desequilibrios microbianos y abundancia de células inmunitarias. La alteración de la barrera cutánea mediante el lavado o el rascado puede modificar la población microbiana. Esto puede acelerar el sistema inmunitario, que indica a las células de la piel que proliferen con rapidez y se llenen de proteínas inflamatorias. Todo esto es un ciclo autoperpetuado de inflamación, picor, ruptura de la barrera y desequilibrios microbianos. "¿Y qué pasaría si, como sociedad, en realidad hemos creado el eczema al lavarnos en exceso?", especula Skotnicki.

Ambas cosas han aumentado, al menos, de forma paralela, y hay pruebas de que su incremento no está desligado. En lugar de aumentar nuestras exposiciones, las alergias e hipersensibilidades sólo nos han llevado a limpiar y esterilizar más nuestros entornos. Cuando los pacientes acuden a la consulta de Skotnicki, a menudo con erupciones que duran semanas o meses, su instinto es tallar y enjabonar aún más. Acuden a ella con la esperanza de obtener otro producto, algo que deshaga o tal vez contrarreste los productos actuales. Quieren algo "suave y natural". Quieren algo que sea, bueno, lo más parecido a nada.

Es difícil que los médicos no prescriban nada. Los pacientes suelen querer un tratamiento, si no una receta, al menos algo que puedan hacer siguiendo un régimen. Así que Skotnicki ha encontrado la manera de convertir la nada en algo. Aboga por una "dieta" o "limpieza" total de productos, es decir, dejar de tomar todo. (O tanto como sea posible.) Los dermatólogos cada vez más apoyan este enfoque como un reinicio conceptual, incluso si ningún producto en particular estaba causando un problema claro. En términos psicológicos puede ser valioso ver lo poco que necesitamos en realidad y reintroducir de forma paulatina sólo aquellas cosas que sí queremos

Al fin y al cabo, la piel es en extremo resistente. Podemos intentar controlarla o recubrirla con productos tópicos, pero en última instancia es una fuerza de la naturaleza que reacciona a las constantes señales que le llegan desde abajo y desde afuera, tal como ha evolucionado durante millones de años. Intenta mantener el equilibrio.

La piel es el órgano más grande del cuerpo humano. Cada uno de nosotros tenemos suficiente piel como para cubrir unos seis metros cuadrados. Puede moverse en cualquier dirección, estirarse y percibir pequeños cambios de temperatura, presión y humedad. La piel contiene las puntas de las fibras nerviosas que pueden enviar señales al cerebro para crear dolor insoportable y placer extático. La piel comunica al mundo cuando estamos enfermos, cansados, ansiosos o excitados. La piel puede abrirse de par en par y volver a curarse en pocos días. La piel puede evitar que nos acaloremos fatalmente empapándose de un líquido que hace que el calor se irradie de forma más rápida que el aire adyacente. La piel no es menos vital que el corazón, la columna vertebral o el cerebro. Sin ella, los fluidos que nos componen se evaporan, y el mundo exterior se vuelca a nuestro interior, nos infecta y morimos con rapidez.

Así que el cuidado de la piel es extremadamente importante. Pero el cuidado eficaz de la piel va mucho más allá de aplicar cosas en su superficie.

De acuerdo con los libros de texto sobre el funcionamiento de la piel, y lo que me enseñaron en la escuela de medicina, la piel está formada por tres capas anatómicas. La inferior es principalmente grasa y tejido conectivo. Las otras dos son más interesantes. La más externa es la epidermis. Tiene aproximadamente un milímetro de espesor, como una hoja de papel, pero en ese milímetro ocurren muchas cosas. Las células primarias de la epidermis se llaman queratinocitos. Éstos producen la proteína queratina, que constituye la mayor parte de la piel y la totalidad de las uñas y el cabello. Entremezcladas con estas proteínas hay un collage de células inmunitarias y pequeñas fibras nerviosas, así como células que producen la melanina, que da el color a toda la piel. Todas estas células son extremadamente sensibles a nuestro entorno, y reaccionan y cambian en consecuencia.

La epidermis se regenera de forma constante, casi como ninguna otra parte del cuerpo. La capa milimétrica está dividida en estratos que representan células de diferentes edades. La capa basal contiene células madre que se dividen continuamente, generando nuevas células. Este proceso se produce con mayor facilidad durante la juventud. Pero a lo largo de la vida la piel siempre crea nuevas células que empujan a las más antiguas hacia la superficie. Cuando llegan al exterior, la mayoría de ellas están muertas, planas, deshidratadas y pegadas entre sí, de modo que son visibles a simple vista. El objetivo de los productos exfoliantes es quitar este follaje exterior y exponer las células más nuevas al mundo, aunque las células también se desprenderán de forma natural. El ciclo completo dura aproximadamente un mes y sirve para reconstruir de manera continua la superficie de la piel.

Debajo de la epidermis está la dermis, una capa compuesta principalmente por dos proteínas: colágeno y elastina. Entrelazadas, dan a la piel su elasticidad y resistencia. El cuero, por ejemplo, es pura dermis. La inimitable mezcla de flexibilidad y durabilidad es la razón por la que, a pesar del enorme costo y de las preocupaciones éticas de cazar animales y tomar su piel, los humanos han insistido en utilizar el cuero para protegerse y sobrevivir a los elementos desde antes de la aparición de las herramientas.

A lo largo de la epidermis y la dermis hay redes de nervios que pueden detectar hasta los más mínimos cambios en el entorno, discerniendo el peso de un mosquito o la diferencia entre una oficina a 20 y otra a 22 grados centígrados. Esta red está cruzada por vasos sanguíneos microscópicos que se expanden para enfriar el cuerpo durante el ejercicio y el estrés, y nos hace sonrojarnos para manifestar nuestras emociones al mundo.

También hay grupos de estructuras relativamente enormes llamadas folículos. Éstos crean el cabello, que permitió a las especies prehumanas trasladarse a climas fríos, y para el que ahora existe un enorme mercado de eliminación y acortamiento, depilado y coloración, de acuerdo con las normas que significan dónde encajan las personas en una jerarquía social y a dónde quieren pertenecer.

La piel también contiene tres tipos de glándulas que segregan aceites y otros compuestos. Las glándulas sudoríparas básicas (conocidas como glándulas ecrinas) segregan agua para enfriar el cuerpo. Las glándulas sebáceas secretan sebo aceitoso que lubrica la piel, para que no nos sequemos ni se nos abra la piel, lo que comprometería la barrera al permitir la entrada de microbios, que podrían causarnos la muerte.

Más difíciles de explicar son las glándulas sudoríparas apocrinas que se desarrollan durante la pubertad, en especial en las axilas y las ingles. Estas glándulas añaden sus propias secreciones aceitosas, lo que a muchas personas les parece excesivo, incluso cruel. Éstas son las glándulas que intentamos bloquear con antitranspirantes, y cuya existencia intentamos contrarrestar gran parte de nuestra vida. Ahora estamos aprendiendo que estas glándulas participan en el mantenimiento de otra parte importante de la piel, que podría equivaler a una cuarta capa: los billones de microbios que viven dentro y sobre nosotros. Las sustancias químicas del aire responsables de nuestros olores corporales son producto de las bacterias de la piel, en especial en axilas e ingles, que se alimentan de nuestros aceites.

Estas poblaciones microbianas están influidas por las cantidades y tipos de aceite que exudamos, así como otros compuestos como sodio, urea y lactato, que salen de nosotros cuando sudamos. En fechas recientes también se ha descubierto que el sudor contiene péptidos con propiedades antimicrobianas, como la dermicidina, la catelicidina y la lactoferrina. Estos compuestos parecen tener un papel importante en el mantenimiento y la restauración de los equilibrios microbianos. Si alguna vez te sientes acomplejado por la sudoración, puedes decirles a quienes te rodean que tu cuerpo simplemente está participando en un elaborado y misterioso ballet bioquímico.

Desde hace mucho tiempo se sabe que llevamos encima algunos microbios; desde que los científicos han sido capaces de realizar cultivos de bacterias, se conocen que la toma de muestras de piel humana es una forma fiable de crear un prodigioso jardín microbiano. Pero sólo en el transcurso de la última década la nueva tecnología de secuenciación del ADN ha comenzado a revelar la escala y la diversidad de la vida microbiana. Los microbios de la piel, junto con los del tracto digestivo, suponen varios kilos de nuestro peso corporal. Hay más células microbianas dentro y sobre cada uno de nosotros que células humanas.

Aunque durante mucho tiempo hemos pensado que la piel es una barrera que nos separa del mundo exterior, numerosos estudios sobre la microbiota sugieren que la piel es, en cambio, una interfaz dinámica con el entorno. Estos ecosistemas microbianos son en realidad extensiones de nosotros mismos. Al igual que los microbios que pueblan los intestinos, los microbios de la piel rara vez causan enfermedades. En todo caso, pueden ayudar a protegernos de ellas. Y todo lo que hacemos o dejamos de hacer en nuestra piel tiene algún efecto sobre estas poblaciones.

Cuando nos limpiamos, modificamos al menos de forma temporal las poblaciones microscópicas, ya sea eliminándolas o alterando los recursos disponibles para ellas. Aunque no utilicemos productos de limpieza que digan de forma específica que son "antimicrobianos", cualquier producto químico aplicado a la piel tendrá alguna secuela en el entorno en el que se desarrollan los microbios. Los jabones y astringentes destinados a hacernos más secos y menos grasos también eliminan el sebo del que se alimentan los microbios. Dado que los científicos y los médicos no disponían de la tecnología necesaria para comprender a cabalidad el número o la importancia de estos microbios hasta hace poco, no se sabe mucho sobre lo que hacen exactamente allí. Pero a medida que estas nuevas investigaciones aclaran la interacción entre los microbios y la piel, se pone en tela de juicio las creencias que se han mantenido durante mucho tiempo sobre lo que es bueno y malo.

Tal vez no haya un caso más memorable de microbios de la piel que cambien nuestra comprensión de nosotros mismos que los ácaros que viven en la cara.

En 2014 un grupo de investigadores tomó muestras de la cara de 400 voluntarios en Carolina del Norte y descubrió ácaros microscópicos llamados *Demodex*, que vivían en su piel. Estos arácnidos de medio milímetro de diámetro, que suelen estar alojados en los poros, son incoloros y tienen cuatro pares de patas que se encuentran en el tercio anterior de su cuerpo, mientras que el resto se arrastra detrás de ellas. De alguna manera, como describió una revista suiza de dermatología, en la anatomía de los ácaros (posiblemente en respuesta a alguna inquietud sobre lo que los ácaros podrían estar haciendo en nuestra cara) "falta un ano". Con o sin ano, mi primera respuesta y de muchos otros fue: "Dios mío, ¡quítame esto de encima ya!" Los periodistas científicos más serios publicaron titulares como el que aparece en el sitio de NPR: "Oye, tienes ácaros viviendo en tu cara. Y yo también".

De todos nuestros microbios, los ácaros son los únicos lo suficientemente grandes como para verlos con una lupa (que sepamos). Por debajo de ellos están los hongos, que son escasos en las personas vivas debido a nuestra temperatura corporal. Luego vienen las bacterias, las arqueas, los protozoos y los virus mucho más pequeños. Así que el verdadero misterio de los ácaros es por qué no son más conocidos. En realidad, estos ácaros fueron descubiertos hace mucho tiempo, en 1841, cuando un anatomista alemán los encontró por primera vez en algunos cadáveres, y luego ocasionalmente en seres humanos vivos. Aunque documentó el hallazgo y escribió que podría ser importante, los diminutos ácaros cayeron en el olvido durante mucho tiempo.

Entonces, ¿por qué los cazadores de ácaros de Carolina del Norte apenas acaban de descubrir que los *Demodex* están por todas partes?

El esfuerzo fue posible gracias a la nueva tecnología de secuenciación de ADN que descubrió el resto de la microbiota. Los ácaros reales son difíciles de encontrar, ya que suelen esconderse en lo más profundo de los poros. Sin embargo, si se busca evidencia de su ADN en la piel, todos los tenemos. Esta tecnología es la razón por la que apenas estamos conociendo a nuestros pequeños camaradas, entre muchos otros.

Por más desagradable que les resulte a algunas personas saber acerca de sus ácaros, hipotéticamente sería peor no tenerlos. Cuando algo es una característica común del 100% de las personas es lo más cercano a una definición adecuada de "normal". Deben estar ahí por algún motivo. ¿No es así?

Michelle Trautwein, catedrática de dipterología (el estudio de las moscas) de la Academia de Ciencias de California y coautora del estudio, ve una especie de belleza existencial en los ácaros: "Son una parte universal del ser humano". Resolver el misterio de por qué los tenemos es la razón por la que un biólogo de insectos como Trautwein trabaja actualmente con dermatólogos y ecologistas, dilucidando verdades más amplias sobre nosotros mismos. Por un lado, los humanos no somos organismos biológicamente autosuficientes, sino que estamos cubiertos y rodeados de otros organismos, de los que dependemos.

Trautwein afirma que los ácaros podrían alimentarse de nuestras células cutáneas muertas, lo que convierte a los microbios cutáneos en los exfoliantes más "naturales" de todos. Esto significaría que podrían disminuir la cantidad de polvo en nuestros hogares, que en parte se compone de células de la piel. Y, sin embargo, si vieras un producto en la farmacia o en Instagram que prometiera librarte de los ácaros de la cara sería un argumento tentador.

Aunque todos tenemos ácaros en la cara, hay pruebas de que una proliferación anormal, o una reacción anormal a dicha proliferación, puede dar lugar a enfermedades de la piel. Un análisis reciente de 48 estudios encontró una asociación entre la densidad de ácaros y la rosácea. Al igual que muchas enfermedades relacionadas con los microbios, al parecer esta relación tiene que ver con las proporciones y el contexto, y no simplemente con la invasión de un organismo "malo". Aunque los *Demodex* son, por lo general, benignos, o posiblemente hacen algo beneficioso, pueden convertirse en patógenos (causantes de enfermedades) cuando su contexto cambia. Es algo así como que las personas rara vez nacen con una inclinación a dañar al prójimo, pero muchas no dudan en matar cuando se les deja en una zona de combate activa y se les ordena abrir fuego.

Así que estos ácaros y los billones de otras criaturas diminutas que componen la microbiota de la piel están poniendo en entredicho la concepción tradicional de la "teoría de los gérmenes", es decir, la simple idea de que debemos luchar contra los microbios para evitar las enfermedades. El conocimiento actual está sustituyendo esta idea por una imagen mucho más interesante. La mayoría de los microbios no sólo son inofensivos, sino que nos ayudan, incluso son vitales. El yo y el otro son menos una dicotomía que un continuo.

Aunque los bebés se desarrollan en un entorno estéril —el útero es un ambiente libre de microorganismos—, un recién nacido emerge como una especie de esponja bacteriana llorona, y comienza a recoger microbios que contribuyen a su salud y capacidad de supervivencia inmediatamente después de su paso por el canal del parto. La piel se puebla entonces de las bacterias de la madre, algunas de las cuales permanecerán de por vida en los poros, mediando en las interacciones con todos los demás microbios que la persona encuentre.

A partir de ese punto la salud de la piel tiene que ver con el contexto. Los microbios están influados por el mundo exterior por encima de ellos y la piel por debajo, y la piel está influida por los microbios por encima de ella y las funciones corporales por debajo.

Las investigaciones sobre la microbiota parecen estar a punto de cambiar hasta nuestras suposiciones más básicas sobre el cuidado de la piel, y sus implicaciones no son superficiales.

Por ejemplo, un estudio reciente dirigido por el dermatólogo Richard Gallo en la Universidad de California, en San Diego. Su equipo cubrió un grupo de ratones con la bacteria *Staphylococcus epidermidis*, que normalmente se encuentra a lo largo de la piel humana. Limpiaron a otros ratones para que no tuvieran esa bacteria.

A continuación sometieron a ambos grupos de ratones a baños de sol. Los que tenían la bacteria tuvieron menos cáncer de piel. La razón, según la teoría de Gallo, es que esta bacteria de la piel produce un compuesto llamado 6-N-hidroxiaminopurina que parece dirigirse a las células tumorales y evitar que su ADN se replique.

Se trata de un estudio inicial sobre microbios en ratones, no sobre microbios en humanos. (No es ético exponer a los humanos a la luz ultravioleta y ver si contraen cáncer.) Pero parece que cada semana se publican más estudios similares.

En conjunto, al menos plantean la cuestión de si deberíamos limpiar las bacterias de la piel de forma tan agresiva e indisciplinada como nos enseñaron a muchos.

Para responder a esto hay que explorar cómo llegamos a las nociones modernas de qué es lo significa estar limpios.

2

Pureza

Val Curtis muestra a desconocidos imágenes de comida podrida, gusanos, fluidos corporales y otras cosas de esa naturaleza. Luego graba sus reacciones.

Para ella, esto es trabajo. Mientras se convertía en la principal "disgustóloga" del mundo, esta profesora de la Escuela de Higiene y Medicina Tropical de Londres empezó a investigar para entender por qué la gente se preocupa, a menudo de forma profunda, visceral y apasionada, por la limpieza.

La investigación de Curtis revela que las reacciones de la gente ante imágenes como éstas son extremadamente similares, casi universales, en todos los países, edades, géneros y cualquier otra variable registrada. La respuesta común a la "materia sucia, pegajosa y apestosa" la resume en sus estudios como "un poderoso sentimiento de asco".

Pero ¿qué hay detrás de este sentimiento? Curtis utilizó una técnica de investigación del consumidor llamada "entrevista de escalera" (*laddering*), que se utiliza para ayudar a las personas a articular sus motivos más profundos. La técnica consiste simplemente en preguntar, a la manera de los niños de tres años de todo el mundo: ¿por qué, por qué, por qué? Cuando se le pregunta a una persona en un restaurante por qué pidió una ensalada en particular, por ejemplo, es posible que diga: "Parecía buena". Pero si sigues preguntando "¿por qué?", al final te adentrarás en todas las complejas relaciones que tenemos con la comida y con nuestra propia mortalidad y nuestro control sobre ella. Esta técnica funciona para las primeras citas, así como para la investigación. En el caso de las indagaciones de Curtis, las respuestas acabaron dando vueltas a la misma palabra: "asco".

"La suciedad es *asquerosa*. El estiércol es *asqueroso*. La comida echada a perder es *asquerosa* —me dice—. No pude llegar más lejos."

Así que se propuso ver qué tienen en común estas cosas.

Curtis transformó su cubículo en un compendio de libros y artículos sobre los objetos de su investigación, una "enorme y abigarrada colección de cosas que la gente de todo el mundo encontraba repugnantes", dice. Cuando empezó a buscar patrones, "todo volvía a la enfermedad".

Un cabello caído, por ejemplo, puede transmitir la tiña. Tal vez por eso un solo pelito en un plato de comida puede hacer que una persona condene a todo un restaurante, que no vuelva a pisar el local y que lance una maldición contra la familia del chef.

El vómito, dice Curtis, otro objeto común de disgusto en su investigación, "puede transmitir unos 30 tipos diferentes de infecciones".

Parece que no es el sufrimiento lo que nos disgusta. Si alguien se está muriendo de cáncer o tiene un ataque al corazón, no tenemos ninguna aversión a correr a su lado.

En cambio, sugiere Curtis, ver sangre o vómito o heces o heridas que gotean (todos portadores de microbios patológicos) desencadena una aversión instintiva a protegernos de las enfermedades infecciosas.

"Probablemente lo más arriesgado que puedes hacer en tu vida diaria es entrar en contacto con otra persona —explica Curtis—, porque son los demás quienes portan los bichos que te van a enfermar."

En ese sentido, el asco es un mecanismo útil. Nos protegemos de las enfermedades de otras personas al sentir asco por su comportamiento o apariencia. También es la razón por la que podemos sentir asco por nosotros mismos, o por la que podemos sentir vergüenza y pudor por nuestro aspecto: el riesgo de aislamiento social y exclusión de nuestra comunidad nos motiva a hacer que no seamos desagradables para los demás. Hemos evolucionado para preocuparnos por nuestra apariencia.

"Si quieres ser mi amigo, tienes que ser capaz de mirarme a los ojos y escucharme, de darme la mano, de compartir fluidos corporales hasta cierto punto, porque respiraremos el uno sobre el otro —dice Curtis—. Si yo estuviera sucia y desaliñada y tuviera parásitos por toda la piel y muchas lesiones corporales y oliera mal, sentirías repugnancia hacia mí. Por lo tanto, no me beneficiaría de formar parte de tu sociedad.

"Esto es peligroso —añade—. Somos una especie colaboradora y nos necesitamos mutuamente para sobrevivir."

La vida es una tensión constante entre la necesidad de estar cerca de otras personas y la necesidad de protegernos de otras personas.

La motivación para llevar a cabo "comportamientos de higiene", como los biólogos evolucionistas se refieren a la limpieza, se observa en todo el reino animal. Se ha demostrado que las langostas del Caribe evitan a sus compañeros con infecciones virales. Las hormigas se acicalan para eliminar los hongos que causan enfermedades y se deshacen de los cadáveres de sus hermanos caídos. Las abejas sacan a sus amigas enfermas de la colmena y las dejan morir. Esto puede parecer cruel, pero no tienen sistemas sanitarios elaborados y modernos que les permitan cuidar de sus enfermos.

Parece que todos los vertebrados practican la higiene. Curtis describe que los renacuajos de rana toro evitan a otros que tienen infecciones por hongos *Candida*; los peces blancos pueden detectar y evitar el parásito *Pseudomonas fluorescens*; los murciélagos se acicalan para eliminar los parásitos, al igual que la mayoría de los demás mamíferos y las aves. El aforismo de no defeques donde comes no es sólo una metáfora. Los pájaros siguen este consejo, incluso en días tentadoramente fríos. (En cambio, defecan mientras vuelan por encima de las cabezas de los humanos.) Otros animales han designado "lugares de letrinas": mapaches, tejones, lémures y otros que parecen tener la vida resuelta. Los chimpancés a veces realizan lo que parece ser la higiene del pene después del apareamiento, lo cual es al menos una buena idea, aunque no sea claramente eficaz para evitar cualquier infección de transmisión sexual conocida.

En el mundo natural, el comportamiento para evitar las enfermedades es tan universal como el amor, incluso más. Hasta los nematodos sin cerebro que rechazan el amor en todas sus formas han demostrado ser capaces de percibir y evadir bacterias causantes de enfermedades. El proceso desapasionado de la evolución fue su maestro, y los genes de los animales que no se defendieron contra la enfermedad fueron eliminados. Los que tenían una buena higiene sobrevivieron, se multiplicaron y se dieron un festín con sus compañeros caídos. No, los enterraron.

En el uso académico, "higiene" significa técnicamente comportamientos de evitación de enfermedad. En el caso de los humanos, esto significa cosas como lavarse las manos, taparse la boca al toser y estornudar, cubrirse las heridas abiertas y eliminar las heces de forma ordenada. Los instintos primarios de evitación de enfermedades también crean y alimentan las prácticas discriminatorias existentes. Curtis explica que, incluso en los tiempos modernos, las apariencias atípicas de las personas, ya sean cojeras o asimetrías o tamaños que están por encima o por debajo de la media, pueden seguir provocando aversiones evolutivas relacionadas con la contaminación y la autoprotección.

En el pasado, las personas que estaban hinchadas podían ser portadoras de enfermedades como la filariosis, por ejemplo; esta infección por gusanos se propaga por los mosquitos y provoca la hinchazón de las partes del cuerpo y el engrosamiento de la piel, por lo que podían suponer una amenaza. Algunos de estos instintos pueden seguir manifestándose como aversiones que se van acumulando para definir lo que se considera normal. El hecho de alejarse demasiado del rango normal —en cuanto a la apariencia, el olor o el sonido que perciben los demás— sigue teniendo consecuencias sociales, aunque la mayoría de esas señales evolutivas sean ahora irrelevantes.

Aunque las enfermedades infecciosas han sido eclipsadas por las enfermedades crónicas como principales causas de muerte, nuestro cerebro sigue temiendo de forma desproporcionada las infecciones. Como el asco a nosotros mismos y a los demás se mezcla con señales que en realidad no tienen nada que ver con la enfermedad, es fácil perder de vista lo que es una amenaza real. El impulso de no dar asco puede ser la base de algunas prácticas modernas de cuidado de la piel, aunque éstas tienden a ir mucho más allá de asegurarse de que no estamos cubiertos de sangre o heces.

En realidad, lo que la gente de los países ricos considera que es la higiene, explica Curtis, es principalmente la búsqueda de una idea abstracta de limpieza. A diferencia de la higiene, ser "limpio" no consiste únicamente en evitar las enfermedades.

"El motivo por el que la mayoría de la gente compra productos de higiene no es el beneficio racional para la salud —dice—. Es para tener un buen aspecto. Deshacerse del acné, del eczema y de las arrugas y oler bien, eso es lo que busca la gente."

Por supuesto, las razones por las que la gente se preocupa por tener un buen aspecto y olor son complejas. Las normas y las expectativas culturales impulsan comportamientos que muchas personas abandonarían con gusto si pudieran hacerlo. Las posiciones profesionales y sociales determinan el grado de elección que creemos tener respecto a encajar en ciertas normas estéticas. Se ha demostrado que el cuidado de la piel influye en el poder adquisitivo, sobre todo en el caso de las mujeres, y en la imagen personal del cuerpo. También es un placer el ritual de tomarse unos minutos del día para cuidar de uno mismo.

La belleza también puede ser un fin en sí misma. Muchas personas cultas y confiables me han aconsejado que invocar a Charles Darwin en un libro de este tipo es algo deleznable. En su lugar, sólo hablaremos de una nebulosa figura del siglo XIX que amaba a los pinzones. Aunque este hombre era una figura casta y hogareña en una época en la que se valoraba la represión sexual, su visión estética de la selección sexual era radiante. En esencia, sostenía que la belleza es un rasgo evolutivo porque proporciona placer a los individuos, y que el placer es un fin en sí mismo. No es algo que exista sólo para atraer a las parejas con fines de procreación. A los animales nos gustan las cosas que nos hacen sentir bien, incluso si son perjudiciales para la supervivencia a largo plazo, y eso incluye el apareamiento con animales hermosos que son malos para nosotros y que pueden no ser buenos proveedores o incluso permanecer vivos.

El mucho más estirado Alfred Russel Wallace ("codescubridor" de la evolución) era un antagonista de esta teoría, y su propio argumento de que la belleza debe ser el resultado de la *adaptación* —que existe para favorecer la supervivencia de la especie— llegó a dominar los textos científicos durante generaciones. Muchas teorías adaptacionistas de la naturaleza se basaban casi por completo en la forma en que los hombres podían conseguir mujeres para aparearse, y en cómo las mujeres podían hacerse deseables para los hombres. Las teorías no contemplan incluso la posibilidad de que las mujeres sean entidades autónomas con capacidad e interés en el placer sexual.

El ornitólogo evolucionista de Yale Richard Prum ha dedicado su carrera a revivir la teoría inicial, enterrando la teoría de la belleza como bien intrínseco. En lo que él llama la "hipótesis de la belleza", Prum plantea que la belleza comenzó al azar, como cualquier proceso evolutivo. Un color, una canción, un tamaño, una forma o una textura se valoraron sin más razón que el placer que proporcionaba ese rasgo. Esta preferencia se extendió social y genéticamente. En lugar de la afirmación de que los machos tienden a ser más grandes y agresivos que las hembras porque han evolucionado para dominar físicamente a otros machos para el apareamiento, ¿qué pasa si las hembras *prefieren* a los machos grandes y poderosos simplemente porque estos rasgos son hermosos?

Prum se refiere al orgasmo como un ejemplo de cómo la capacidad de dar placer también puede ser ventajosa para la supervivencia: las hembras que más disfrutan del apareamiento tienen más probabilidades de procrear. Los machos que mejor pueden conferir ese placer son los que tienen más posibilidades de conseguir esa oportunidad. Aunque los trabajos de Prum fueron rechazados en un inicio por las revistas especializadas, la comunidad científica por fin está aceptando la idea de que la belleza existe como una entidad valiosa en sí misma, aunque no signifique por fuerza que una persona esté más en forma, o sea más saludable, o sea más productiva.

Aunque a los biólogos les ha costado un tiempo llegar a esta idea, la autora Toni Morrison lo sabía desde el principio. En 1993 dijo en una entrevista para la revista *Paris Review*: "Pienso en la belleza como una necesidad absoluta. No creo que sea un privilegio o una indulgencia. Ni siquiera es una búsqueda. Creo que es casi como el conocimiento, es decir, para eso nacimos".

Durante la mayor parte de la historia de la humanidad la limpieza personal tenía más que ver con la espiritualidad y con los rituales que con cualquier noción moderna de salud o belleza. En el siglo XV los aztecas excavaban enormes fosos en las laderas de las montañas para realizar ritos de purificación. Las comadronas invocaban a la diosa del agua Chalchiuhtlicue mientras lavaban a los niños, implorándoles:

> *Acércate a tu madre Chalchiuhtlicue… ¡Que ella te reciba! ¡Que te lave! ¡Que elimine, que traspase la suciedad que has tomado de tu madre, de tu padre! ¡Que ella limpie tu corazón! Que lo haga puro, bueno. ¡Que te dé una conducta pura y buena!*

Incluso los esclavos que los aztecas preparaban para el sacrificio eran purificados con agua bendita. Los antiguos egipcios se vestían de dioses y lavaban ritualmente a sus muertos para facilitar la transición al más allá.

Hipócrates, el médico griego en cuyo nombre juran los galenos hasta el día de hoy, abogaba por los baños como una actividad ligeramente más cercana a una práctica orientada a la salud. Pero su interés no tenía nada que ver con la eliminación de las bacterias (cuyo concepto le habría hecho explotar la cabeza, convirtiéndola en fuego y humo). Para él, el baño consistía en una combinación de inmersión fría y caliente que debía equilibrar los humores. Se creía que el calor ayudaba a una serie de males, como los dolores de cabeza y la incapacidad de orinar. Los baños fríos se prescribían para los dolores articulares. Los procesos tenían que ver fundamentalmente con la exposición a los elementos más que con la erradicación de una fuente concreta de enfermedad.

Estas prácticas llegaron a los famosos baños de la antigua Roma. Los ciudadanos de todas las clases se reunían en instalaciones públicas concebidas tanto para la socialización y el ocio como para el baño. Muchas casas de baños contaban con patios abiertos, donde los visitantes podían hacer ejercicio, rodeados de cámaras que contenían una alberca caliente (*caldarium*), una alberca tibia (*tepidarium*), así como una alberca fría (*frigidarium*). Algunos también contaban con espacios de entretenimiento, bibliotecas, vendedores de comida y bebida, y prostitutas.

En los baños, los romanos a veces se frotaban con aceite y se raspaban la suciedad o el barro con un artefacto en forma de hoz. Pero cualquier beneficio higiénico de los baños habría sido fortuito. Para empezar, el agua de las albercas distaba mucho de ser estéril: algunos escritos contemporáneos sugieren que procedía de abrevaderos públicos, y los bañistas sanos y enfermos se remojaban uno al lado del otro. El filósofo Celso prescribía los baños para un sinfín de afecciones, como los intestinos inflamados, las pústulas y la diarrea. Sin los modernos sistemas de cloración o de circulación, las albercas probablemente estaban llenas de nata, una capa de suciedad, sudor y aceite que brillaba en la superficie del agua.

Junto con la indolencia y la desnudez, la escena convirtió a los baños en un punto álgido de las guerras culturales de la época. El filósofo Séneca veía en esas decadentes instalaciones que había en su ciudad natal una prueba de su declive moral. La Iglesia cristiana primitiva también desaconsejaba el baño.

La ley judía de la época de Jesús enfatizaba la importancia de la pureza del cuerpo mediante una ordenanza dietética e higiénica. Los antiguos hebreos tenían leyes sobre el lavado de las manos antes y después de la comida, y de las manos y los pies antes de entrar en el templo. Un dicho rabínico que se traduce como "la limpieza física lleva a la pureza espiritual" se ha citado como el origen del aforismo de la confluencia entre limpieza y santidad.

Los primeros cristianos empezaron a alejarse del *ethos* del régimen y la restricción, y muchos dejaron atrás las estrictas leyes judías sobre los alimentos prohibidos, la circuncisión y la observancia del sábado. Su mesías, Jesús, era relativamente minimalista en lo que respecta a la purificación ritual. Los artistas harían que su piel y su cabello estuvieran libres de suciedad o nudos, pero, como tantas personas que desarrollan seguidores leales, Jesús tampoco se preocupaba por su estética personal. En el Evangelio de Mateo, reprendió a los que anteponían la ceremonia religiosa a la pureza interior: "Limpia primero lo de dentro del vaso y del plato, para que también lo de fuera sea limpio". En otra parte del

Nuevo Testamento, él y sus discípulos escandalizaron a los fariseos al comer pan sin lavarse primero las manos. En el siglo IV san Jerónimo ordenó: "El que se ha lavado una vez en Cristo no necesita volver a lavarse".

Aparte de la práctica simbólica del bautismo, el cristianismo era una excepción entre las principales religiones del mundo en cuanto a la limpieza corporal. Se distingue por la ausencia de requisitos de baño o higiene. El islam, por el contrario, prescribe el lavado ritual antes de la oración cinco veces al día. La necesidad de agua en las mezquitas dio motivos a las ciudades árabes para construir elaborados sistemas de agua de los que carecían los europeos. En la década de 920, un enviado musulmán que viajaba por el río Volga describió a los vikingos que vio allí como "las más sucias de las criaturas de Alá", ya que "no se lavan después de cagar u orinar, ni después de tener relaciones sexuales, y no se lavan después de comer. Son como burros descarriados".

El hinduismo también incluye mandatos sobre prácticas higiénicas. Siglos antes de la teoría occidental de los gérmenes, la gente debía lavarse las manos después de defecar. Sólo se debía utilizar la mano izquierda para realizar esta tarea, y sólo la derecha para comer. Cuando el viajero italiano Marco Polo visitó la India en el siglo XIII le sorprendió la fastidiosa forma en que todo el mundo bebía agua. Todos tenían recipientes individuales, reflexionó, y "nadie bebía del recipiente de otro. Tampoco se acercaban el recipiente a los labios". Y lo más sorprendente para él era que la gente de la India se bañaba con regularidad.

Polo había estado igualmente fascinado en China, donde observó: "No hay persona que no frecuente el baño caliente al menos tres veces a la semana, y durante el invierno diariamente, si está en su mano. Todo hombre de rango o rico tiene uno en su casa para su propio uso". Tal no era el caso en su casa de Venecia. Cuando los diversos grupos conocidos posteriormente como bárbaros derrocaron a Roma destruyeron muchos acueductos y baños. La falta de infraestructuras, unida a la postura escéptica de los cristianos sobre la higiene, hizo que la Edad Media, como se llamaría, fuera "un milenio sin baño".

Esto llegó a su punto álgido a mediados del siglo xiv, cuando empezaron a aparecer bultos oscuros y purulentos en las ingles, las axilas y el cuello de los europeos. El libro *Decamerón* de Giovanni Boccaccio los describe como del tamaño de huevos o manzanas. Tres días después de la aparición de estos bubones, la persona moría. Cuando esta "muerte negra" asoló Florencia, la ciudad natal de Boccaccio, describió cómo las madres abandonaban a sus propios hijos y cómo no había respiro en ningún lugar a causa del olor de los cadáveres. A pesar de las oraciones y las procesiones, la enfermedad se extendió sin control. Tres años más tarde, cerca de un tercio de los europeos habría muerto.

Los bultos eran ganglios linfáticos hinchados y repletos de células del sistema inmunitario, que se pusieron en marcha de forma urgente por la exposición a la bacteria de la peste. Pero este proceso no se entendería sino hasta dentro de 500 años. Así que los cristianos culparon a los judíos, acusándolos de propagar el veneno por todas las ciudades. Si se les daba a elegir entre ser quemados vivos o ser bautizados en el nombre de Jesús, algunos prisioneros judíos se confesaban y quedaban limpios de sus supuestos pecados. Otros no.

Una teoría más erudita atribuyó el problema a la alineación planetaria. La Facultad de Medicina de la Universidad de París emitió un informe en 1348 para explicar por qué todo el mundo se estaba muriendo: escribieron que, por desgracia, Saturno y Júpiter se habían alineado con Marte, "un planeta malévolo, que engendra ira y guerras". Como Marte estaba retrógrado, "atraía muchos vapores de la tierra y del mar que, al mezclarse con el aire, corrompían su sustancia".

Esta idea de que los vapores causan enfermedades se conocía como miasma. Aunque no suena muy diferente a nuestras ideas modernas de contaminación del aire, el miasma se refería a la contaminación espiritual. En París, los médicos advertían que "los cuerpos más propensos a llevar la marca de esta pestilencia son los calientes y húmedos", pero también los cuerpos "saturados de malos humores, porque la materia de desecho no consumida no se expulsa como debería; los que siguen un mal estilo de vida, con demasiado ejercicio, sexo y baños". Evitar estos horribles vicios no garantizaba la seguridad, pero sí tranquilizaba a los aterrados ciudadanos: "Aquellos con cuerpos secos, purgados de materia de desecho, que adoptan un régimen sensato y adecuado, sucumbirán a la peste más lentamente".

El temor al agua caliente no ayudó a la ya horrenda situación higiénica. Cuando se agotó el terreno para enterrar cadáveres en Aviñón, el papa declaró el río como espacio consagrado. Las familias arrojaron sus muertos al Ródano con la conciencia tranquila. No se puede decir lo mismo de los cursos de agua. En todas partes la gente llevaba pulgas que transmitían la peste, que se reproducían en algún lugar de Europa casi todos los años hasta principios del siglo XVIII. Los funcionarios clausuraron las casas de baño por la preocupación de que propagaran enfermedades. La periodista Katherine Ashenburg cuenta que, como resultado del pánico y la falta de conocimiento de las bacterias, los siglos XVI y XVII fueron "de los más sucios de la historia de Europa".

Las tasas de mortalidad no eran un caso convincente para la vida en la ciudad. Se estaba más seguro en el campo y había más trabajo. Esto cambió con la Revolución industrial.

Antes del siglo XIX las grandes ciudades contaban con unos pocos cientos de miles de habitantes. No había rascacielos ni fábricas que creasen la típica neblina urbana que ahora se cierne casi constantemente sobre ciudades como Los Ángeles, Hong Kong y Delhi.

En 1801 la población de Londres había superado el millón de personas. En 1850 rebasaba los dos millones. París y Nueva York no tardarían en seguirle, ya que la gente se volcó a las ciudades. Lo hizo más rápido de lo que se podía construir la infraestructura. La aglomeración repentina ensució el entorno: las calles sin pavimentar estaban llenas de polvo en verano y de barro el resto del año, con estiércol de caballo por todas partes y con hogueras de carbón contaminando el aire.

Los callejones se convirtieron en pozos negros de heces humanas y el suministro de agua se atascó con los desechos. Estas condiciones provocaron brotes de enfermedades de transmisión que cambiarían el mundo y crearían el campo de la salud pública.

En la década de 1840, cuando las epidemias de tifus y fiebre tifoidea asolaban los barrios industriales de Europa, el médico alemán Rudolf Virchow estableció la relación entre las condiciones de vida y las enfermedades. Su trabajo, que seguía basándose en la teoría del miasma, llevó a la Asociación Médica Americana a estudiar las condiciones de Estados Unidos. En 1847 pidió la ventilación de las áreas sanitarias para permitir que los vapores causantes de enfermedades se dispersaran.

La teoría del aire viciado se puso en tela de juicio en 1854, cuando el médico John Snow localizó un brote de cólera en Londres en un pozo. Su proceso de deducción incluía mapas detallados y preguntas a los enfermos en busca de hábitos o exposiciones comunes. El método fue anterior a

Sherlock Holmes y resultó tan importante que dio origen al campo moderno de la epidemiología. Aun así, no entendía cómo el agua podía causar enfermedades. Tampoco se le tomó en serio.

La idea de que la fosa de excrementos humanos adyacente al pozo había contaminado el agua con organismos invisibles a simple vista no sólo era un anatema en aquel momento, sino que habría tenido enormes implicaciones políticas. Toda la ciudad habría tenido que ser reestructurada para separar los desechos humanos del agua potable. El gobierno de la ciudad de Londres desestimó los hallazgos de Snow como una correlación espuria. No se le reivindicaría hasta dos décadas después de su muerte, cuando, en 1883, el médico alemán Robert Koch vio bajo el microscopio los microbios causantes del cólera. En combinación con la epidemiología del pozo de Londres y las observaciones posteriores, Koch consolidó el argumento de que el agua contaminada era la culpable. Y si estos "gérmenes" eran capaces de colarse sin ser detectados en nuestro suministro de agua y matarnos, era lógico que también pudieran estar detrás de casi cualquier otra enfermedad, malestar o temperamento.

Esta nueva "teoría de los gérmenes" se fue imponiendo en la imaginación del público, al mismo tiempo que la rápida urbanización y el crecimiento de la población agravaban las amenazas de las enfermedades infecciosas. Con el cambio de siglo, su combate y prevención se convertirían en parte integral de la planificación urbana, un periodo que a veces se conoce como la "revolución de la higiene". Fue resultado directo de su conocida predecesora industrial. La salud pública surgió como un nuevo campo necesario para promover el saneamiento básico y la higiene en Europa y Estados Unidos. La pasada conveniencia política de negar la teoría de los gérmenes dio lugar a la urgente inversión en infraestructura preventiva. Las prioridades incluían agua potable libre de patógenos, sistemas de alcantarillado y conseguir que la gente se lavara las manos después de defecar (como otros pueblos del mundo habían hecho durante milenios). Hasta estos cambios, la aniquilación ocasional de barrios o ciudades enteras se había aceptado como un hecho de la vida. La comprensión de que esto podía evitarse fue revolucionaria.

Las ideas sobre la higiene personal también dieron en el blanco de la conciencia. La *limpieza* de una persona se podía considerar como un indicador, o no, de peligrosidad. Un aspecto desaliñado sugería que la persona no podía permitirse lavarse y que su baño eran los pozos de excrementos de los callejones adyacentes a su vivienda. Podía tratarse de uno de los portadores de la enfermedad. Por otro lado, aparecer aseado —con la ropa lavada, el cabello peinado y la piel sin manchas— era una señal de seguridad. Aunque el acicalamiento no garantizaba que un individuo se lavara las manos o no tuviera pulgas (los verdaderos problemas causantes de enfermedades), la apariencia y la higiene se fusionaban.

A medida que estos conceptos de limpieza y suciedad se vinculaban más concretamente a la salud y la muerte, respectivamente, también se extendieron las connotaciones divisorias. Parecer limpio requería recursos, dinero y tiempo. Los indicadores de higiene se convirtieron en señales de estatus, y a menudo se consideraba que más era mejor. Ya no bastaba con evitar apestar u oler de forma repulsiva, sino que había que oler *muy bien*. Estas demostraciones de limpieza se convirtieron en un mecanismo de control de ciertas profesiones y círculos sociales. Las clases trabajadoras pasaron a ser conocidas como los Sucios (*the Great Unwashed*). La movilidad ascendente dependía de que los trabajadores que vivían cerca de las zonas adyacentes a las fosas pudieran vestirse para los trabajos que querían, no para los trabajos que tenían.

A principios del siglo XX los habitantes de Manhattan de clase media y alta empezaron a lavarse en sus dormitorios. Incluso en los barrios pobres, las familias sacaban una palangana una vez a la semana y la llenaban de agua para bañar a los niños en el suelo de la cocina. Esto suponía subir cubos de agua por varios tramos de escaleras y calentarla en una estufa de leña. Éstos eran los extremos a los que la gente llegaba, y algunos aún lo hacen, simplemente para parecer "limpios".

El concepto de higiene también se utilizó de forma más explícita como herramienta de ingeniería social. Los esfuerzos por contener las infecciones de transmisión sexual condujeron a lo que se convirtió en el movimiento de "higiene social", que emprendió campañas de educación pública para ayudar a controlar los brotes de sífilis durante la Primera Guerra Mundial. El movimiento llegó más tarde a las aulas escolares con la asignatura conocida como educación sexual. La justificación científica para abordar estos asuntos en nombre de la higiene dio una legitimidad a lo que antes había sido un tabú irreconciliable.

Mecanismos similares también alimentarían la catástrofe, ya que el lenguaje de la erradicación y la limpieza, utilizado desde hacía tiempo, recibió una nueva pátina de legalidad gracias a la ciencia emergente de la genética y las enfermedades infecciosas. En Alemania, en 1895, el médico Alfred Ploetz publicó un libro titulado *Rassenhygiene* (Higiene racial) que sentaría las bases del movimiento eugenésico en las décadas siguientes, y después del Holocausto. Las ideas de pureza y limpieza se convirtieron en la base de los argumentos aislacionistas, sustentadas en los supuestos básicos de que la homogeneidad es buena y la diversidad es antinatural o peligrosa.

El miedo y el desprecio al mundo microbiano jugarían a favor de fuerzas de división, desde el racismo explícito hasta las normas opresivas de la sexualidad. También se utilizaban para vender jabón. Los innumerables productos que hoy llenan las estanterías de las farmacias empezaron a introducirse en el uso cotidiano poco después de que el agua corriente y las bañeras se hicieran comunes entre las clases trabajadoras hace un siglo. La nueva y omnipresente práctica del baño crearía un enorme mercado para el jabón y una creciente carrera armamentística de otros productos de limpieza. Cuando los pobres ya no pudieran ser identificados como los "sucios", los ricos necesitarían nuevas formas de distinguirse como los más limpios. El capitalismo no vende nada tan eficazmente como el estatus. Y si un poco era bueno, mucho sería mejor.

3

Espuma

Los jabones mágicos del doctor Bronner comenzaron como una iglesia.

La transición de organización religiosa sin ánimo de lucro a distribuidor a tiempo completo de jabón con olor a menta fue tan gradual que a Emanuel "Dr." Bronner se le pasó por la cabeza renunciar a la exención fiscal de su organización. Pasó sus últimos años en bancarrota, luchando contra las autoridades fiscales de Estados Unidos por el pago de más de un millón de dólares en impuestos atrasados. Pero hasta el final respondió o devolvió todas las llamadas que llegaron a la empresa.

El producto estrella del Dr. Bronner es un jabón líquido de color ámbar contenido en una botella de plástico transparente que seguramente habrás visto en cualquier lugar, desde tiendas de alimentación natural hasta en Walmart, pasando por las cuentas de Instagram de los famosos. La icónica etiqueta azul está cubierta por todas partes con un texto diminuto y exclamativo: "¡Listos para enseñar a toda la raza humana el ABC moral de todos somos uno! ¡Porque todos Somos Uno o Ninguno! ¡TODOS UNO! ¡TODOS UNO! ¡TODOS UNO!" Y sigue así.

Éste era el evangelio de Emanuel Bronner. Huyó de Alemania antes del Holocausto y viajó por Estados Unidos en los años cincuenta para difundir un mensaje de paz y unidad. Recitaba su mensaje a los transeúntes en las esquinas de Los Ángeles desde lo alto de una caja de jabón, literalmente. Ponía a la venta jabón para ayudar a financiar su misión. A la gente no le importaba especialmente lo que decía, pero sí parecía gustarle el jabón. Así que Bronner empezó a imprimir su sermón en las etiquetas del jabón. Con el tiempo, la gente se enteró del jabón de menta de este extraño hombre y aumentó la demanda para comprarlo, a pesar de que lo único que pretendía era utilizarlo como vehículo para su mensaje de amor y unidad. Por eso, para sus nietos era importante: revitalizaron la marca y la convirtieron en el producto omnipresente que es hoy y mantuvieron la etiqueta lo más cercana posible a como la escribió su abuelo, a pesar de los desafíos de marketing inherentes.

En los últimos años la marca ha pasado de los nichos de mercado independientes a la distribución en mayoreo. Después de medio siglo de distribución en tiendas hippies de incienso, los productos de Dr. Bronner ocupan ahora un lugar destacado en los principales comercios, desde farmacias hasta tiendas de alimentos y boutiques en enclaves de moda, junto a productos de belleza de alta gama. En las dos últimas décadas, desde que David Bronner y su hermano, Mike, se hicieron cargo de la empresa, las ventas se han multiplicado por más de 30.

Lo primero que hace David Bronner cuando me encuentro con él es ofrecerme un baño de espuma en un remolque, pero no de manera extraña. Estábamos en el estacionamiento de su empresa en Vista (California), a la que se trasladaron hace unos años luego de que su sede anterior les quedara pequeña. Él y sus empleados llevan el remolque de baños a las carreras en el barro (*mud runs*) barro y a eventos como el Burning Man como experiencia de baño comunitaria. David, actual director general de la empresa, lleva acudiendo al festival desde antes de que estuviera de moda, y cuando se hizo cargo de la empresa pensó que sería un buen lugar para involucrar a la marca. Aunque en el Burning Man no se permite la publicidad y técnicamente ninguna empresa puede patrocinarlo, Dr. Bronner organiza elaboradas exposiciones interactivas que transmiten el espíritu de la empresa. Patrocinan un "espacio seguro" para las personas que tienen un mal viaje psicodélico, y también organizan conciertos de su propio grupo de artistas. A quien tengo la suerte de conocer.

"Oye, ¿te gusta bailar?", me pregunta un tipo de barba. (Si no recuerdo mal, todos los miembros de la compañía tienen barbas largas, pero es posible que sólo estuvieran desaliñados. Ésta es una de esas situaciones en las que la memoria falla, porque era temprano y yo casi no había dormido y ya había tomado un vaso de su barril de kombucha.)

"No", digo.

Estaba claro que esperaban que dijera que sí. Alguien enciende un radiocasete y todos se alinean en dos filas.

"Bien, de acuerdo. Bueno, bailaremos para ti."

Ocho hombres adultos hacen un baile para mí en medio del almacén. Observan mi cara para ver si reacciono, y yo aprecio de verdad el esfuerzo, aunque me incomoda que bailen para mí. Sonríen todo el tiempo y chocan las palmas entre ellos y conmigo cuando terminan. Luego se colocan en círculo y me preguntan sobre la microbiota de la piel. Algunos me dicen que tampoco se bañan casi nunca, y cuando les hablo de la idea que hay detrás del libro hacen gestos como si sus mentes implosionaran físicamente ante la genialidad conceptual. Es como ser el primer ser humano que da pizza a las Tortugas Ninja.

El empleo de artistas de la Generación X en una empresa de jabones puede parecer paradójico. Pero el crecimiento de la empresa ha sido el resultado del desarrollo de una marca fuerte, con la que su presencia es totalmente coherente. Esta marca, basada en un ambiente general de activismo igualitario, ha dado a Dr. Bronner una ventaja en el mercado, especialmente entre los *millennials* escépticos respecto a las empresas. Aunque el producto ha tenido seguidores fieles durante décadas, sólo recientemente ha empezado a obtener beneficios significativos.

Rechazo el baño público porque, aunque podría ser divertido, supongo, ser parte de un grupo después de un Tough Mudder,* en este caso sería sólo yo en un estacionamiento rodeado del personal de relaciones públicas que insiste en que me la pase bien. Así que me subo a la camioneta de David Bronner y me lleva por el campus. También tiene un Mercedes que funciona con aceite como fuente de combustible alternativa, pero utiliza la furgoneta para el trabajo; un vehículo más grande es técnicamente preferible si permite compartir el viaje, explica.

David Bronner no cobra un sueldo superior a cinco veces el de su empleado peor pagado. Tiene el cabello largo por detrás y desvanecido por delante, es alto y está perpetuamente inclinado ligeramente hacia atrás. Su ambiente es de fiesta, pero respeta la nave nodriza que llamamos Tierra. Se le ha comparado con el capitán Jack Sparrow, pero su droga no es el alcohol. Son los psicodélicos. Está a favor de la

---

* *Tough Mudder* es un evento deportivo por equipos que incluye diversas pruebas como carreras, obstáculos, salto, etc. Todo en medio de un lodazal. (*N. de la T.*)

legalización y en contra de la guerra contra las drogas. Esto no le sorprendería a nadie que lo viera, a no ser que supiera que es el heredero y director general de una de las empresas de jabón de mayor crecimiento del planeta.

Cuando nos acercamos a la entrada principal, vemos un camión de comida en la parte delantera que sirve tacos de carne. Pone los ojos en blanco. Bronner está más que orgulloso de que su empresa ofrezca comida orgánica, de la granja a la mesa, local y vegana, a todos los empleados para el almuerzo. La prepara un chef serio que, cuando visité la cocina, me dio una cucharada de su ensalada de farro y calabaza.

"Entiendo que no es para todo el mundo", dice Bronner, con la cara desencajada mientras mira fijamente el camión de tacos, como un ejercicio de empatía consciente. Estaciona la camioneta y entramos en el comedor, pasando por un enorme mural de su abuelo Emanuel, el "Dr." original de Dr. Bronner, aunque no era médico ni estaba especialmente vinculado a la realidad científica. David y yo sacamos kombucha directo de un barril mientras él intenta explicar las características de su jabón. Es sincero sobre el hecho de que casi no se baña, y cuando lo hace sólo se lava las axilas, las ingles y los pies. Para él, el jabón en realidad nunca ha sido importante en sí mismo, sino como un vehículo para la defensa del medio ambiente.

Emanuel Bronner también era un devoto minimalista. En su famosa etiqueta decía que su jabón era "18 en 1", es decir, que podía ser utilizado por todo el mundo para todas las necesidades personales y domésticas, desde el baño hasta el lavado, pasando por la limpieza de la casa y el cepillado de los dientes. Su postura era opuesta al resto de la industria del jabón, que se empeñaba en vender varios productos a la misma persona. La empresa se ha diversificado recientemente en la venta de pasta de dientes y otros productos, lo que ha creado una ligera tensión con la visión de David de hacer crecer una empresa que no vende a la gente nada más de lo que necesita. "La gente quería pasta de dientes", explica. Así que no soy el único que atestigua que una sola gota del jabón de menta funciona realmente bien.

Los matices espirituales que llevan a algunas personas a tachar la empresa de Bronner como un disparate de la nueva era no son en realidad nada nuevo. En todo caso, son una vuelta a las raíces de la limpieza como pureza del alma. A pesar de todas las excentricidades de la empresa, el espíritu de Bronner parece estar más en consonancia con la mayoría de los ideales históricos de limpieza que cualquier afirmación estricta sobre la ciencia o la salud.

El ser humano ha utilizado el jabón a lo largo de la historia y en todo el mundo. Pero ¿cuándo se convirtió en algo que miles de millones de personas utilizan varias veces al día, y no sólo porque quieran, sino porque creen que *lo necesitan*?

Voy a visitar a un historiador del jabón, un hombre a quien llaman el Padrino del Jabón. Tras varias llamadas telefónicas me invitaron a verlo a él y a su mujer en su casa en los suburbios de Chicago. Me acerco, toco el timbre y la puerta de madera de tres metros se abre para revelar a una pequeña mujer de pelo blanco: Fortuna Spitz. Sonríe y grita: "¡Luis!", y su marido, el mismísimo Padrino, sale a trompicones de su estudio y me hace señas para que pase a la sala.

"Las dos personas que se sientan frente a ti han hecho más por los jabones de barra que nadie en el mundo", dice Luis Spitz con seriedad. No es una aseveración de la que esperaría que alguien presumiera, y cualquier duda que tuviera me abandona en el transcurso de las cuatro horas que transcurren, mientras me guían por su vasto museo privado de parafernalia de jabón, dándome a conocer la historia de este producto.

Luis, que tenía 83 años cuando lo conocí, se formó como ingeniero químico y se incorporó a la industria del jabón con un trabajo en la empresa The Dial Corporation. Ha representado a los fabricantes italianos de plantas de procesamiento y maquinaria de envasado de jabón, y presidió la primera Conferencia Mundial sobre Jabones y Detergentes en 1977. Ha editado y participado en siete libros relacionados con el jabón publicados por la industria del jabón, y actualmente es consultor independiente de empresas de producción y distribución de jabón. No sé exactamente cómo describir lo que hace ahora, aparte de que lo sabe todo sobre el jabón, y también parece que *está formando* a la gente de esta industria.

"No creo que esperaras encontrar tantas cosas", me dice mientras examino la parafernalia publicitaria y los recuerdos de la industria del jabón que llenan todas las paredes y aparadores. Los Spitz han construido su casa *en torno* a su colección de jabones. Fortuna me sirve una tarta de manzana sobre un mantel individual con temática de jabón.

Durante la tarde que paso recorriendo el lugar, me entero de que vender jabón es un arte, incluso más que fabricarlo. De hecho, el jabón se comercializó por primera vez utilizando una obra de arte. En la Feria Mundial de Chicago de 1893 la estrategia de la empresa de jabones Pears para dar a conocer su nombre fue imprimir la palabra *Pears* modestamente al pie de un cuadro y exhibirlo en un stand. La planta superior de la casa de los Spitz es una galería de impresiones en color del siglo XIX (cromolitografías) que nunca se adivinaría que son anuncios de jabón. La cromolitografía de jabón más célebre y reproducida es la conocida como "Burbujas", un cuadro que representa a un niño de cabeza rizada soplando una burbuja.

Este enfoque inocente de la publicidad no podía durar cuando llegó el boom del jabón. El mercado abarrotado exigía enfoques más agresivos para distinguir un producto, que incluían lanzar tierra a los demás, crear inseguridad en los consumidores y expresar afirmaciones que iban mucho más allá de lo que cualquier jabón podía hacer en verdad. Esto era necesario porque, en realidad, la mayoría de los jabones son químicamente idénticos. Por definición, no hay mucho margen para cambiar el producto; de lo contrario, no es jabón. El proceso básico de fabricación de jabón está al nivel de la química de la escuela secundaria y se conoce desde hace siglos.

El jabón está formado por las moléculas tensioactivas, o "agentes de superficie", que resultan de la combinación de grasas y un compuesto básico soluble en agua, o álcali. Las grasas, ya sean de origen animal o vegetal, como el aceite de oliva o de coco, están formadas por triglicéridos. Como su nombre indica, esto significa que están presentes tres ácidos grasos y una molécula de glicerina. Cuando el triglicérido se combina con un álcali, como el hidróxido de potasio (también llamado potasa) o el hidróxido de sodio (también llamado sosa cáustica), y se aplica calor y presión, los ácidos grasos se desprenden de la molécula de glicerina. El potasio o el sodio se unen entonces a los ácidos grasos, y esto es el jabón.

Un surfactante es una molécula sencilla. Funciona porque un extremo se une al agua y el otro se une a la grasa (los aceites que se adhieren a nuestra piel y que no se eliminan sólo con el agua). Por ejemplo, supongamos que nuestra ropa está sucia de barro. El agua por sí sola no lo eliminará. Pero si se añade un jabón surfactante a la mezcla, el extremo del surfactante amante del aceite (lipofílico) es atraído por el aceite de la tierra y el extremo amante del agua (hidrofílico) es atraído por el agua. Estas fuerzas opuestas sueltan el lodo y lo suspenden en el agua para que sea aclarado. Aunque nadie sabe con exactitud cómo o cuándo se distribuyó el jabón por primera vez, de acuerdo con Spitz abundan historias apócrifas. Según una leyenda romana, el jabón se descubrió en un lugar llamado Monte Sapo, donde sacrificaban animales en honor a los dioses. El ritual dejaba tanto las cenizas como la grasa del animal, y cuando llegó la lluvia, las mezcló y las arrastró montaña abajo hasta el río; la gente que lavaba sus togas se dio cuenta de que quedaban mucho mejor que antes. "¿Qué demonios es esto, una especie de agua maldita?", gritaron y huyeron. (No, invirtieron el procedimiento y se pusieron a hacer jabón.)

Dado que la química del jabón es sencilla, el proceso fue ciertamente "descubierto" en diversos lugares, y los enfoques variaron en función de los materiales disponibles. En ciertos lugares próximos al Mediterráneo, el aceite de oliva permitía obtener un producto de alta calidad que podía utilizarse con regularidad. Marsella, en Francia, se convirtió en un bastión de la artesanía del jabón. También surgieron industrias en Savona (Italia) y Castilla (España), que durante siglos se convirtieron en los destinos para obtener los jabones de los maestros. Aunque el proceso de fabricación del jabón era sencillo y los ingredientes casi idénticos, había una clara curva de aprendizaje y una distinción entre el producto casero y el profesional.

Hasta finales del siglo XIX, y más tarde en gran parte del mundo, el jabón adquirido en las tiendas era un artículo de lujo. Mi propio abuelo creció en un pueblo agrícola de Indiana donde sus padres y vecinos ni siquiera soñaban con comprar jabón. Lo hacían ellos mismos después de sacrificar un cerdo. Tomaban la piel, la cortaban en tiras y la colocaban en una gran caldera de hierro fundido, y ponían la caldera a fuego vivo. El trabajo de mi abuelo consistía en mantener el fuego. La grasa blanca se derretía y las tiras de piel de cerdo se enroscaban y doraban en la manteca hirviendo, convirtiéndose en un manjar llamado chicharrón, un alimento que recordaba con visceral nostalgia.

La manteca de cerdo se utilizaba en la granja para cocinar, sazonar, tratar heridas, evitar que las herramientas se oxidaran y lubricar objetos. Mi abuelo decía que su madre recogía el agua de lluvia y mezclaba con ella ceniza de madera y manteca de cerdo para hacer jabón. "Tengo la impresión de que, cuando él era pequeño, no sabía que se podía ir a la tienda a comprar jabón", recuerda mi padre. Si, en efecto, estaba a la venta en la tienda de abarrotes de su pequeño pueblo, ésa habría sido la primera generación de consumidores. Pero como vivió la Gran Depresión, era y siguió siendo reacio a pagar por cualquier cosa que pudiera hacer él mismo.

Aún conservamos en la granja los cepillos de pelo de cerdo, los ganchos para colgar y la caldera de extracción de grasas. En la misma tierra donde mi abuelo encontraba puntas de flecha en la tierra, los indios americanos habían vivido poco antes. Se sabe que muchas tribus hacían limpiezas rituales en "cabañas de sudor", una reunión ceremonial en una casucha o tienda sofocante, donde el sudor formaba parte de un proceso de penitencia y purificación. Pero se trataba de una limpieza espiritual, en la que el sudor probablemente servía más para alterar el estado mental (mediante una deshidratación leve y a veces incluso mortal) que para limpiar realmente el cuerpo. El baño se realizaba en lagos y ríos. Aunque hay pocos registros de la fabricación de jabón, muchos pueblos indígenas tenían acceso a plantas con características jabonosas, como la raíz de jabón y la baya de jabón. Incluso antes, los aztecas utilizaban dos productos vegetales, el fruto del copalxocotl (que los sucios merodeadores españoles llamaban "árbol del jabón", probablemente justo antes de intentar matarlo) y la raíz de una planta que se clasificaría como *Saponaria americana*, por sus propiedades jabonosas. Estos nombres no son arbitrarios. Producen saponinas, que parecen formar parte de un mecanismo de autodefensa. Se trata de surfactantes, como los que se producen durante la fabricación de jabón. Cuando estas y otras plantas, como el agave o la yuca, se pelan, se pulverizan y se mezclan con fuerza en agua, el proceso genera espuma.

La suavidad del "jabón" resultante sería muy demandada hoy en día. La espuma del jaboncillo sería mucho más parecida a la de limpiadores modernos como el Cetaphil (comercializado para "pieles sensibles") que a la de los primeros jabones. Durante la mayor parte de la historia del producto comercial no era habitual ponerse jabón en la piel. Esto se debe a que la fabricación del jabón requería una base, y la más barata y fácil de conseguir era la sosa cáustica. El producto final era muy básico y podía resecar o incluso quemar la piel.

Como cualquier herramienta, este primer jabón tenía su lugar. Si uno estaba cubierto de mugre o de una sustancia viscosa que no se quitaba con el agua, podía ser necesario utilizar un poco de jabón. Sin embargo, hasta finales del siglo XIX el uso principal del jabón era lavar la ropa. En el siglo XVII había "jaboneros" en Jamestown, pero los primeros colonos lo fabricaban ellos mismos con grasa animal y sosa cáustica sobrante, aplicándolo sólo en casos de extrema suciedad. Lavar con regularidad no sólo era caro, sino que además corroía la ropa y la piel.

El proceso mejoró poco a poco e hizo que el jabón fuera más tolerable. Cuando algunos jaboneros empezaron a utilizar una nueva base, la potasa, el baño con jabón se hizo más común. Un método para procesar la ceniza se convirtió en la primera patente en Estados Unidos. El documento de un solo párrafo fue aprobado por Thomas Jefferson y firmado por George Washington en 1790, dando lugar a un proceso de patentes que marcaría el futuro del capitalismo.

Los derechos de propiedad intelectual se convertirían en algo fundamental para el crecimiento de la industria del jabón. En Gran Bretaña, los monopolios mantenían escaso el jabón fabricado, y un impuesto sobre el jabón lo mantenía caro. Cuando el canciller William Gladstone finalmente derogó el impuesto en 1853, la repentina asequibilidad del jabón desencadenó una industria que trabajaría incansablemente para anular la idea de que bañarse era un lujo vagamente pecaminoso. Todo lo contrario: era un elemento necesario de la decencia básica. Gracias al poder del marketing y la publicidad, la industria redefiniría los conceptos de salud, belleza y limpieza. Los antiguos tabúes europeos en torno al lavado regular se invertirían por completo. En el transcurso de unas pocas décadas se convertiría en un tabú *no hacerlo*.

Voy en la parte superior de un camión de bomberos alrededor de la sede de Dr. Bronner. Como la empresa ha crecido, dicen que ahora están obligados, por motivos de responsabilidad, a decirme que me sujete.

El camión está equipado para disparar espuma en lugar de agua. Al igual que el remolque de los baños, la empresa lo lleva a los festivales y lo conserva en sus instalaciones como parte de la experiencia de la marca. Pone música a todo volumen, lo que parece especialmente fuera de lugar en esta zona de oficinas de las afueras. Los publicistas llevan uniformes rojos y azules que recuerdan a los Umpa Lumpas. Volvemos a la realidad cuando nos acercamos a los muelles de carga donde los camiones cisterna transportan los aceites, muchos de ellos procedentes de Ghana.

Unas imponentes puertas de garaje dan acceso a la planta de producción, que contrasta con el ambiente de diversión del resto del lugar: impecable e industrial, con enormes tanques de acero inoxidable para la saponificación a alta presión que se elevan imponentes. Hay una sala de silos de fragancias de nueve metros de altura, en los colores de sus correspondientes etiquetas de Bronner. Un recipiente de plástico con la etiqueta "Ácido cítrico" (añadido como conservador) es más alto que yo. La pieza central, donde se produce la saponificación, se llama reactor, un tanque de 5 600 litros con una escotilla en la parte superior que se cierra girando 12 pernos separados y una rueda de dirección marítima para mantenerla en su sitio. El enorme recipiente está conectado a otros dos igualmente grandes que contienen agua caliente y fría, y a una válvula de liberación de presión de emergencia que desagua en un monstruoso "tanque de recogida de emergencia". Las temperaturas alcanzan los miles de grados y, al parecer, existe la posibilidad de que se produzca una gran explosión. Subo por un andamio hasta la parte superior del reactor, donde el técnico me dice que no me caiga y se ríe. Una horrible escena de muerte pasa ante mis ojos.

Los principios fundamentales de la composición y el rendimiento del jabón se aplican a todos los jabones. Aparte de las fragancias y los colores, la principal diferencia entre los jabones consiste en la grasa que se utiliza. Esto depende del tipo de plantas o animales que proporcionan la grasa. Todas las grasas están formadas por una cadena de moléculas de carbono. Algunas están totalmente saturadas de hidrógeno (grasas saturadas) y otras tienen sitios vacíos donde el hidrógeno podría enlazarse (insaturado). Ambos funcionan bien, y la mayoría de los jabones contiene mezclas de ambos. La opinión generalizada es que los jabones de grasas insaturadas son más eficaces como limpiadores, pero más secos. Los jabones elaborados con una mayor proporción de grasas saturadas generan más espuma.

Los jabones del Dr. Bronner se distinguen por utilizar únicamente aceites orgánicos vegetales. La etiqueta añade que los ingredientes del jabón son de origen ético y de comercio justo y que no incluyen cultivos modificados genéticamente (OGM). Con toda honestidad, antes de escribir este libro no tenía ni idea de que estos términos pudieran aplicarse al jabón. Pero la producción de aceite de palma, uno de los más utilizados en el jabón, ha sido uno de los principales impulsores de la deforestación en muchos países ecuatoriales. Grupos de defensa del medio ambiente, como Greenpeace, llaman regularmente la atención sobre el impacto medioambiental del aceite de palma en los bienes de consumo. Organizaciones como Amnistía Internacional también han implicado a las empresas jaboneras que comercian con aceite de palma en abusos de los derechos humanos, como el trabajo infantil. El grupo ha implorado a Unilever, Colgate-Palmolive y Procter & Gamble, entre otras, que se adhieran a lo que considera una producción ética de aceite de palma, y que los consumidores insistan en los productos con certificación de comercio justo. (Algunas empresas han anunciado cambios, pero la mayoría de los productos convencionales no ha cumplido las normas de los defensores.)

El tema es prioritario para David Bronner. Insiste en que los miles de galones de aceite de palma que importa cada año proceden de explotaciones de comercio justo. La empresa también está invirtiendo en prácticas agrícolas sostenibles, en especial en Ghana. Sin embargo, el proceso dista mucho de ser ideal. La huella de carbono que deja el transporte de aceite de palma de comercio justo desde Ghana para ser refinado en Ámsterdam y convertido en jabón en California, y luego enviado a todo el mundo en botellas de plástico, es "el elefante en la habitación", como dice el director de operaciones de la empresa, Michael Milan, cuando le pregunto al respecto.

El proceso de fabricación es común a la mayoría de las fábricas de jabón. La saponificación y el secado se realizan en una enorme máquina (el reactor), y una computadora puede controlarlo todo. En la fábrica de Dr. Bronner, una pantalla LED del tamaño de una pizarra muestra una cuadrícula que traza toda la planta, con todos los niveles de cada recipiente, junto con sus temperaturas y presiones. Mientras observo el reactor, los frascos cilíndricos descienden por una cinta transportadora hasta donde las máquinas vierten el líquido dorado, colocan un tapón y ponen una etiqueta. El trabajo humano consiste en comprobar si hay botellas defectuosas y eliminar los atascos.

Los jabones de barra son una parte mucho más pequeña de su negocio. En un lado de la fábrica se extruye una sustancia sólida caliente antes de ser cortada en barras y estampada con un logotipo, un proceso conocido como acabado. Tomo una aún caliente de la máquina, y es flexible como la goma. Las empresas más pequeñas suelen comprar este tipo de jabón "crudo" al por mayor en forma de fideos o gránulos, y luego le añaden fragancia, tinte, forma y envase. Los márgenes de beneficio son enormes.

La insistencia en utilizar determinados aceites de ciertas partes del mundo para el jabón es un lujo que ahora está al alcance de miles de millones de personas. Aunque pocos tienen en cuenta los costos de transporte o la procedencia de los ingredientes, éstos han sido siempre los principales factores de costo y disponibilidad. Lo que impulsó el auge del jabón en el siglo xix fue la industria cárnica, más que cualquier imperativo médico o de salud pública. Los Spitz viven en Chicago porque históricamente ha sido el corazón de la venta de jabón, lo que ellos llaman "la capital mundial del jabón". Al haber crecido en la región, todo lo que sabía era que cuando pasábamos por una planta de procesamiento, olía como cuando un espíritu vuela por tu nariz y empieza a alimentarse de tu alma.

Cuando los corrales de Chicago empezaron a desbordarse por el exceso de manteca de cerdo que solía tirarse a la basura, los jóvenes empresarios tomaron nota. Donde otros veían montones de grasa animal en descomposición, ellos veían el sueño americano. Acudieron a la ciudad para entrar en el negocio del jabón de la misma manera que los 40 mineros fueron a California en busca de oro, o que los empresarios tecnológicos van hoy a Silicon Valley en busca de... algo.

Entre estos primeros "jaboneros" estaba William Wrigley Jr., que llegó a Chicago en 1891 para vender el jabón que su padre fabricaba en Filadelfia. Para ayudar a promocionar el jabón, regaló productos de primera calidad, como polvos de hornear y goma de mascar. Estos últimos tuvieron más éxito que el jabón. En 1895 Wrigley cambió su marca, que pasó de una chica con una pastilla de jabón en la mano a una ilustración de Juicy Fruit que decía "Fabricantes de chicles". El emblemático edificio Wrigley y el largamente maldecido Wrigley Field no se llamarían así si no fuera por el jabón.

Un jabonero de más éxito fue James Kirk, que construyó una fábrica de cinco pisos cerca de la desembocadura del río Chicago, cubierta de altísimos carteles que anunciaban los cuatro jabones de su empresa: Jap Rose, White Russian,

Juvenile y American Family. Éste fue un primer ejemplo de segmentación de un producto por consumidor, explica Spitz, vendiendo no uno, sino cuatro jabones, comercializándolos y envasándolos como si fueran para personas y propósitos muy específicos. El jabonero de Chicago Nathaniel Kellogg Fairbank (que había comprado una refinería de manteca y aceite y empezó a fabricar jabón sólo para no desperdiciar el exceso de manteca) llevó esto al siguiente nivel. Con un objetivo concreto de la marca, creó submarcas que se leen como los eufemismos de un traficante de drogas: Copco, Clarette, Chicago Family, Ivorette, Mascot, Santa Claus, Gold Dust, Fairy y Tom, Dick y Harry.

La diferenciación de estos productos se reducía a la comercialización. Fairbank publicaba folletos ilustrados llamados *Fairy Tales* (cuentos de hadas) que incluían poemas y juegos de palabras inocentes, como: "La gente con sentido común sólo paga cinco centavos comunes por un jabón sin aroma común: eso es Fairy Soap".

Pears también se dedicó a publicar, imprimir y distribuir una revista conocida como *Pears Annual*, que contenía obras literarias reales como *Cuento de Navidad* de Charles Dickens. Entre ellas había anuncios del jabón Pears, incluyendo inserciones del tamaño de una tarjeta postal que se caían al abrir la revista; un primer ejemplo de una práctica exasperante que continúa hoy en día.

Con el tiempo, los despachos del mundo de publicidad de jabones difuminaron la línea entre información y publicidad. *Cómo educar a un bebé: un manual para madres*, por ejemplo, fue publicado por Procter & Gamble en 1906 y se distribuyó durante dos décadas. Sus páginas ofrecían la legítima sabiduría de una enfermera, entremezclando información crítica sobre cómo criar y mantener vivo a un niño con consejos sobre cómo usar el jabón Ivory. Esta primera versión del actual "contenido patrocinado" llegaría a ser un sello distintivo de la industria, un precursor del modelo de monetización en el que se basan ahora los influencers y algunas empresas de medios digitales.

Dos hermanos se distinguieron de las hordas de empresarios que surgieron durante el boom del jabón, desesperados por dar a conocer una nueva pastilla de jabón en las alas de una inteligente estrategia de marketing y medios de comunicación. Su apellido era Lever, y la empresa que fundaron se convertiría en la mayor distribuidora de jabón. Construyeron Lever Brothers —ahora Unilever— no a través de la innovación en el arte de la fabricación de jabón, sino mediante el poco sutil arte gráfico de la marca. Vendieron el jabón como un producto saludable que salvaría la vida.

El hermano mayor de James Lever, William, nació en 1851. William se lleva todo el mérito de la empresa que técnicamente iniciaron juntos. William Lever se encargó de la tienda de comestibles de su padre en Lancashire, Inglaterra, a los 16 años. Su trabajo consistía en cortar y envolver jabón. En aquella época la gente que quería comprar jabón pedía al tendero que cortara un trozo de una enorme plancha marrón y lo compraba por kilos. Este jabón estaba a medio camino entre los jabones caseros de sosa cáustica y los lujosos jabones de tocador de Castilla, algo que podía usarse en la piel, al menos ocasionalmente, como empezaban a hacer algunas personas.

Lever se hizo cargo del negocio de comestibles y a los 33 años ya era un hombre rico. Al sentirse desganado y con la sensación de haber explorado todo el potencial de esa industria, quiso seguir creciendo en el negocio. La Revolución industrial estaba en marcha, y las zonas urbanas eran vibrantes. Lever reconoció que los retos de la vida en la ciudad eran también una oportunidad para crear demanda.

Una nueva "clase media" cobraba y se educaba lo suficiente como para preocuparse por los nuevos conceptos de salud e higiene. Mientras las ciudades acumulaban edificios altos que tapaban el sol y las fábricas llenaban el cielo de esmog, su mente volvió al jabón. Era un producto que podía estar en todos los hogares.

En 1884 Lever registró la marca Sunlight. En un movimiento innovador, envolvió cada pastilla de su nuevo producto en una imitación de pergamino con el nombre Sunlight impreso en letras grandes. Al principio, Lever ni siquiera fabricaba el jabón. Eso lo hacían los fabricantes subcontratados. Su papel era el de poner la marca y venderlo. Y lo hizo con el fuego de mil soles.

"Lever no hacía publicidad, sino que pintaba el mundo con su marca", cuenta Spitz. Encargó a famosos ilustradores el diseño de anuncios, colgó placas de Sunlight en las estaciones de ferrocarril, pegó carteles de colores por toda la ciudad, lanzó un periódico llamado *Sunlight Almanac* (Almanaque Sunlight) y distribuyó rompecabezas, folletos y un libro llamado *Sunlight Year Book* (Anuario Sunlight) que brindaba consejos de salud (pista: usar más jabón Sunlight).

Todo esto funcionó. La demanda de Sunlight pronto superó lo que Lever podía satisfacer subcontratando la producción, y acabó construyendo su propia fábrica de jabón. Pero incluso ese proceso fue una oportunidad para hacer algo más grande. Construyó casas para los trabajadores y acabó creando toda una ciudad, justo al otro lado del río de Liverpool. La llamó Port Sunlight. Se inauguró en 1889 y rápidamente se convirtió en la mayor fábrica de jabón del mundo. Lever la concibió como una especie de utopía, con un modelo de negocio que denominó "reparto de la prosperidad". Al proporcionar viviendas asequibles y una comunidad unida en torno a la fabricación de jabón, creía que podría lograr máxima lealtad y productividad —anticipándose a los campus ómnibus de Google y Facebook, donde hay tantas comodidades que dejar el trabajo parece, bueno... una tontería—.

La mecanización desempeñó un papel importante para que el jabón fuera cada vez más accesible. La Feria Mundial de 1904 en San Luis estrenó una nueva fábrica de jabón, que Colgate & Company adquirió para aumentar la eficiencia de la producción. La empresa diferenció su jabón de lujo, Cashmere Bouquet, al anunciarlo como un "jabón prensado". Un anuncio publicado en el *Ladies' Home Journal* explicaba que "se trata de un jabón 'prensado fuerte', lo que significa que se somete a procesos especiales de prensado y secado que da a cada barra una firmeza casi marmórea. No se escapa de las manos. Esta dureza especial es lo que lo hace seguro". Y así, "usado a diario, [mantiene] la piel joven y encantadora".

La idea de que el jabón no era seguro anteriormente no se basa en nada. Y sí se utilizan molinos de rodillos para refinar y homogeneizar los jabones, pero no tienen nada que ver con el "prensado y secado especial". Spitz explica que no hay un proceso de prensado "suave" o "duro", sino que era una jerga de marketing vacía desde el principio, pero incluso ahora la aparición de "prensado fuerte", "prensado francés" o "triple prensado" en los envases depende sobre todo de que los consumidores deduzcan que, si las palabras aparecen en un envase entre signos de exclamación, deben significar algo bueno.

Las tecnologías que realmente aumentaron el uso del jabón, más que cualquier campaña de lavado de manos, fueron las prensas automáticas de jabón y las máquinas de envasado de la década de 1910. No sólo se podía dar a las pastillas de jabón una forma mucho más homogénea y un envasado más uniforme, sino que se podía hacer de forma mucho más barata. A diferencia de lo que ocurre hoy en día, cuando se demandan productos "pequeños" y "artesanales", la idea de un producto consistente y predecible era un argumento de venta en aquella época.

La fabricación en masa abarató el costo de las barras y aumentó la base de consumidores. La producción a gran escala también incrementó las barreras de entrada: la compra de todo el equipo y la contratación de un gran número de empleados significaba que no todo el mundo podía entrar en el negocio por capricho. Para aprovechar las ventajas de escala, las empresas se fusionaron en los gigantes multinacionales que son hoy. Lever se convertiría en Unilever en 1929, cuando Lever Brothers se fusionó con la empresa holandesa Margarine Union.

A medida que el mercado se inundaba de jabón, los productores necesitaban distinguir aún más sus productos de los de la competencia y de sus propias líneas existentes año tras año. Esto llevó a etiquetar los jabones para usos cada vez más específicos o resultados deseados. La idea de que algunos jabones son productos de belleza y otros de salud, por ejemplo, o que algunos son para hombres o mujeres o niños o perros o varios tipos de pieles tiene que ver mucho menos con innovación que con el genio del marketing.

Es posible que el día más emblemático de la historia del jabón no haya sucedido nunca. Se cuenta que una mañana de 1879 un operario de la fábrica de jabón de William Procter y James Gamble dejó en marcha una mezcladora de jabón durante su hora de almuerzo. El resultado fue una mezcla más ligera de lo normal. Al no ver ninguna razón para desperdiciar un producto viable, Procter & Gamble lo vendió como un novedoso jabón que flotaría.

Ésta era la historia, al menos, hasta 2004, cuando un archivero de la empresa descubrió que el hijo de Gamble había escrito en un cuaderno años antes del supuesto accidente: "Hoy he hecho jabón flotante. Creo que haremos todas nuestras existencias así". En cualquier caso, los clientes se aficionaron a este nuevo jabón blanco. Flotaba en el agua, por lo que era fácil de encontrar en la tina de baño. El invento "accidental" se vendió tan bien que Procter & Gamble decidió empezar a fabricarlo de forma intencional.

También puede ser un caso raro de creación de un producto antes de su estrategia de marca. Según cuenta la historia, Harley, el hijo de William Procter, estaba buscando un nombre para el producto cuando tuvo un momento revelador durante una lectura bíblica en la iglesia. El Salmo 45:8 decía: "Mirra, áloe y casia exhalan todos tus vestidos; desde palacios de marfil te recrean".

Al día siguiente bautizó el jabón: Ivory (marfil).

Mientras que otros jabones aludían a la pureza y la piedad a través de la limpieza, Ivory se basaba directamente en las Escrituras. Siguiendo con el tema, Procter & Gamble decidió anunciarlo como un jabón "puro". La empresa hizo todo lo posible para medir su pureza. Cinco universidades y laboratorios independientes compararon el jabón Ivory con los jabones de Castilla, que entonces se consideraban el estándar de pureza. (Muchos todavía lo estiman así: el producto estrella del Dr. Bronner se comercializa como "jabón de Castilla puro"). Los resultados mostraron que Ivory sólo tenía 0.11% de álcalis libres, 0.28% de carbonatos y 0.17% de minerales. Procter & Gamble restó ese total de 100 y empezó a anunciar el jabón como "99.44 / 100% puro", a pesar de que casi seguro otros jabones eran comparables, y de que los minerales y carbonatos adicionales no eran necesariamente malos. Las ventas se dispararon, ya que las connotaciones religiosas e idealistas se combinaron con el atractivo de un jabón blanco en los Estados Unidos de la época posterior a la Reconstrucción.

Este mensaje era sutil en comparación con el marketing de algunos competidores. El producto más famoso de la empresa de jabones Fairbank de Chicago se llamaba Gold Dust Washing Powder, algo así como jabón de polvo de oro, y sus anuncios presentaban ilustraciones de los Gemelos Gold Dust, Goldie y Dustie, dos niños de piel negra como el carbón, musculatura precoz, sonrisas extremadamente blancas y labios exagerados, a menudo sentados en un lavabo o realizando tareas domésticas. Se convirtieron en el símbolo de la empresa Fairbank. Los anuncios de las revistas rezaban: "Déjales tu trabajo a los gemelos de Gold Dust". El homenaje a la esclavitud no es sutil. El producto fue tan popular que Lever Brothers le concedió la licencia para su distribución nacional y acabó comprando la marca en la década de 1930. (Por razones obvias ya no se fabrica. Pero mientras escribo esto, un cartel metálico que dice "Déjales tu trabajo a los gemelos de Gold Dust" está a la venta en eBay por 3 249.95 dólares.)

Otros anuncios prometían manos limpias y dominio racial en un solo producto. Un anuncio de 1899 del jabón Pears mostraba a un oficial de la marina lavándose las manos en un reluciente baño, con un telón de fondo de imagen colonial. "El primer paso para aligerar la carga del hombre blanco es enseñar las virtudes de la limpieza", decía el anuncio. "El jabón Pears es un potente factor para iluminar los oscuros rincones de la tierra a medida que avanza la civilización."

Los tropos racistas también se harían más explícitos en anuncios posteriores de Ivory. Una promoción de los años veinte contaba la historia de unos niños blancos que se encontraban con un "pueblo salvaje" de cabañas de paja y nativos de piel oscura que "creían en el *derecho* a la suciedad / y al pecado que mancha". Los jóvenes héroes se encargaron entonces de restregar a los nativos "hasta que todo el pueblo olía a Ivory y a lluvia".

En un movimiento que ha resistido mejor el paso del tiempo, Procter & Gamble eligió como mascota del producto a un bebé, que sería conocido como el Bebé de Marfil. Los eslóganes se centraron en el tema, y empezaron a virar hacia lo medicinal: "Buena salud y jabón puro: la fórmula sencilla para una piel bonita"; "Si quieres una piel limpia y suave como la de un bebé, utiliza el tratamiento de belleza del bebé: el jabón Ivory"; "¡Mantén tu belleza al día! El médico recomienda que cuides tu piel con Ivory", "El tratamiento de belleza de 10 millones de bebés".

Aunque las frases eran torpes y sin sentido, el éxito final de Harley Procter —y por el que se le recuerda más— fue simplemente combinar sus dos campañas publicitarias más populares en lo que Spitz describe como el mejor eslogan de marketing de todos los tiempos: "Aproximadamente 99.44 / 100% de pureza; flota".

Esta monstruosidad de eslogan tiene su propia marca. Era elegante comparado con los acrósticos y las parábolas crípticas de la época. Procter & Gamble pasó de ser un equipo publicitario de tres personas a un voraz engullidor de marcas. En 1890 la empresa obtenía ganancias de 500 000 dólares. En 2017 las ganancias superarían los 15 000 millones de dólares.

Cuando la moda del jabón flotante se extendió por todo el país, la empresa B. J. Johnson Soap Company de Milwaukee trató de introducirse en el mercado de las novedades. En posesión de aceites de palma y de oliva, la empresa bautizó su jabón con un juego de palabras aceitoso: Palmolive (palma y oliva). El producto estuvo en el mercado durante una década antes de que se produjera un gran avance en 1911, cuando un redactor de la empresa durante una reunión afirmó que había escuchado que éstos eran los aceites preferidos de la legendaria belleza Cleopatra.

Si Cleopatra era conocida por alguna tendencia de belleza era por los baños de leche. Según múltiples testimonios, utilizaba leche de burra. Durante mucho tiempo se creyó que tenía efectos especiales contra el envejecimiento. Como escribió el antiguo gurú romano del cuidado de la piel, Plinio el Viejo, "se cree generalmente que la leche borra las arrugas de la cara, hace que la piel sea más delicada y conserva su blancura".

No obstante, la empresa decidió utilizar la imagen perdurable y regia de Cleopatra en sus anuncios, y la campaña llevó a Palmolive a superar a Ivory como el jabón más vendido del mundo.

Palmolive tuvo tanto éxito que sus fabricantes de Milwaukee se fusionaron con la empresa de jabones más grande, Colgate, en 1928. La nueva empresa, Colgate-Palmolive, invirtió aún más dinero en publicidad. Sus anuncios se publicaban en revistas como *Ladies Home Journal* y *Woman's Home Companion*, con ilustraciones realizadas por artistas famosos. Cleopatra acabó convirtiéndose en una bella mujer genérica: la chica Palmolive.

La belleza y el jabón se fusionaron totalmente en una idea con el nacimiento en 1924 del eslogan: "Mantén esa tez de colegiala". Era una época en la que casi ninguna mujer era admitida en instituciones de educación superior, por lo que "colegiala" no significaba tener el aspecto de una estudiante de posgrado adicta a la cafeína. El lema de Palmolive ofrecía la limpieza y la pureza, y el imposible estándar de volver a la infancia.

En los años sesenta el mensaje se volvió más agresivo y menos ingenioso: "¡Nuevo! Continental Palmolive Care puede ayudarle a tener un aspecto más joven". Y aunque otros jabones hacían afirmaciones médicas y de salud, Palmolive fue uno de los primeros en invocar a los médicos. Un anuncio de 1943 afirmaba: "Los médicos demuestran que dos de cada tres mujeres pueden tener una piel más bonita en 14 días". Esto se convertiría en: "Usted puede tener un cutis más bello en 14 días con el jabón Palmolive. Recomendado por doctores".

Por supuesto, los médicos no pueden "demostrar" algo como una "complexión hermosa". Pero los hechos no son lo importante. La especificidad del marco temporal y la modestia de la promesa de que sólo dos de cada tres mujeres se beneficiarían ofrecían una sensación de verosimilitud que no podía provenir de la afirmación de que todo el mundo se favorecía al instante. Gracias al tremendo éxito de Palmolive, Colgate-Palmolive se convertiría en la empresa de 15 500 millones de dólares que es hoy.

De forma simultánea Camay, el jabón de belleza de Procter & Gamble, fue uno de los primeros en invocar no sólo a los médicos, sino también a los dermatólogos. Un anuncio de 1928 explicaba: "Por primera vez en la historia, los mejores dermatólogos de América dan un enfoque científico a un jabón para el cutis". Más abajo se detallaba, y no de forma sarcástica: "¿Qué es un dermatólogo?"

La industria del jabón fue pionera en el principio básico de la "gestión de marcas". Cada marca de una empresa se gestiona como un negocio independiente, incluso cuando los productos son muy similares. En 1923 Procter & Gamble introdujo Camay, a pesar de que ya contaba con Ivory, el principal jabón de belleza, con el fin de competir de forma más agresiva en el sector de la belleza contra Lux y Palmolive.

Al principio, Camay se vendió mal. Un redactor publicitario propuso que el miedo a la competencia interna real estaba frenando a Camay. Procter & Gamble experimentó dejando que los comercializadores de Camay trabajaran como si Ivory no fuera de su misma empresa. A pesar de la existencia de Ivory, Camay se convirtió en "El jabón de las mujeres bellas".

Esta práctica todavía se enseña en las escuelas de negocios y es la razón por la que Procter & Gamble tiene 10 marcas indistinguibles de detergentes en seco (Gain, Ace, Era, Downy, Dreft, Cheer, Bounce, Tide, Rindex y Ariel). Dejadas a su suerte, las marcas de jabón empezaron a atacarse entre sí y a vender su producto como el único jabón seguro. Los responsables de marketing de Camay fueron al extremo y esencialmente introdujeron la idea de pureza del producto. Insinuaron que todas las demás marcas eran tóxicas o que no se podía confiar en ellas. Un anuncio a toda página en el que aparecía una mujer joven con un vestido de novia decía a las mujeres: "¡Invita al romance con una piel encantadora! Siga la dieta del jabón suave de Camay". Se instaba a las mujeres a comprar tres barras ("pasteles") de Camay y durante 30 días "no dejar que ningún otro jabón toque su piel".

Aunque la campaña no llegó a decir que "el jabón Ivory te convierte en solterona", el mensaje era claro. Incluso dentro de una empresa, vender jabón era la guerra.

El pueblo de Port Sunlight es ahora un museo. Durante casi 100 años las 900 casas estuvieron ocupadas exclusivamente por empleados de Lever Brothers (y posteriormente de Unilever). En la década de 1980 las casas empezaron a venderse a propietarios privados, y aunque Unilever mantiene allí un centro de investigación de "productos de cuidado personal", lo que antes era un imperio del jabón es ahora un productor líder de champús, desodorantes y productos como el desodorante Axe.

En la última década las ventas del mercado de jabón en barra han ido disminuyendo. La cobertura de la CNN sobre el declive citó que los jóvenes encuentran el jabón en barra "asqueroso". Spitz culpa al aumento de los "geles de baño" y los jabones líquidos, que describe con un asco palpable. No sólo las botellas de plástico son un desperdicio (en comparación con el envoltorio de papel de muchos jabones en barra), sino que los jabones líquidos también son pesados y su transporte es ineficiente desde el punto de vista medioambiental. Además, muchos "jabones líquidos" no son verdaderos jabones, sino detergentes, una clase de productos sintéticos que pueden imitar las acciones del jabón, desarrollados por el ejército estadounidense durante la escasez de manteca de cerdo en la Segunda Guerra Mundial.

Para los consumidores esta distinción puede ser discutible, pero no lo es en absoluto para los jaboneros artesanales ni para la industria. Los detergentes han sido el avance tecnológico más importante en el mundo de la limpieza desde el inicio de la industria del jabón. A menudo se fabrican a partir del petróleo, lo que significa que pueden producirse incluso en lugares sin acceso a la grasa animal o a los aceites vegetales finos. Pueden mezclarse en una gama más amplia de fórmulas que el jabón, lo que les da una ventaja en lavandería y lavavajillas. También aparecen en la mayoría de los champús, champús corporales y jabones líquidos.

Si bien la competencia interna ha contribuido a construir la industria del jabón y a explicar su éxito, las mismas fuerzas también la han llevado a socavar su mensaje principal: que su producto era en realidad necesario. Para diferenciar sus productos y expandirse hacia nuevas líneas de productos año tras año, las empresas jaboneras tuvieron que vender la idea de que el jabón era insuficiente por sí mismo, o que sus efectos tenían que ser anulados por otros productos. El champú por sí solo, por ejemplo, dejaba el pelo seco y quebradizo. Así que también se necesitaba un acondicionador. El jabón deja la piel seca y quebradiza. Así que también necesitas una loción o una crema humectante.

Esta tendencia alcanzó un punto de inflexión crítico en 1957. En un intento por diferenciarse de sus numerosos competidores, Lever Brothers introdujo un producto llamado Dove con los eslóganes: "Parece un jabón, se usa como un jabón, pero no es un jabón", y: "Dove no reseca tu piel como el jabón".

Dove no era un jabón, al menos no un jabón "puro". Contenía (y sigue conteniendo) una crema emoliente o hidratante. Esto disminuye su carácter de jabón limpiador, pero también su propensión a resecar la piel. Es decir, el producto se acerca más a la nada. La adición de un emoliente hizo que el pH del jabón bajara hasta ser neutro, por lo que no tenía el mismo efecto secante sobre las capas ácidas externas de la piel que un jabón típico.

Aunque no se reconoció en su momento, esto sembró en la mente de los consumidores la idea de que el jabón no era necesariamente bueno o suficiente. Había más cosas que aplicar a la piel en busca de ese esquivo concepto de limpieza de sólo usar agua y jabón. Con el tiempo, esta tensión, provocada por los propios vendedores de jabón, daría lugar a la rebelión moderna de las marcas independientes y al vasto imperio conocido como cuidado de la piel.

Sin embargo, nada desafiaría el dominio del jabón como el cambiante panorama de los medios de comunicación. Desde el principio, la clave del éxito de la industria del jabón fue dominar cualquier nueva plataforma mediática que se presentara. La primera emisión de radio comercial en Estados Unidos fue en 1920 para cubrir la elección del presidente Warren Harding. Al año siguiente había cientos de emisoras de radio. Los propietarios se dieron cuenta de que la programación patrocinada era la forma de hacer negocio: llevar estas cajas parlantes a los hogares de todos y llenar sus oídos con anuncios de productos.

Resultó que la gente quería llenar sus oídos. Las familias no tardaron en pasar las tardes reunidas en torno a la radio del salón. Y cuando las emisoras quisieron anunciantes, no tuvieron más remedio que buscar a las florecientes empresas de jabón, que estaban ansiosas por consolidar la demanda y arraigar su producto como parte de un estilo de vida sano, saludable y sofisticado. Pero las empresas de jabón no se limitaron a poner anuncios, sino que cambiaron el propio medio.

La industria del jabón utilizó grupos de discusión para determinar que a su mercado objetivo (las amas de casa, principales compradoras de artículos para el hogar) le gustaba entretenerse con la radio, no instruirse con ella. En 1927 Colgate-Palmolive financió *La Hora Palmolive*, un programa de comedia musical intercalado con anuncios de jabón. El éxito del programa dio lugar a *Clara, Lu y Em*, un programa de radio patrocinado por Super Suds Fast Disolving Soap Beads, que prometía una velada con tres "amas de casa chismosas" que hablaban de temas relacionadas con las mujeres cada noche de la semana. Además de ofrecer un entretenimiento adecuado a un público objetivo, las mujeres también mencionaban de forma conveniente los productos Colgate-Palmolive. El programa fue tan popular que se convirtió en la primera serie diurna de una cadena de radio.

Para no quedarse atrás, en 1933 Procter & Gamble salió al aire para vender el detergente granular para ropa Oxydol con *Oxydol's Own Ma Perkins*. La protagonista, Ma Perkins, era una viuda en apuros económicos, el tipo de mujer que no tenía tiempo ni energía para preocuparse por lavar la ropa. Por suerte, había un producto detergente que le hacía la vida más fácil: Oxydol. Aunque el programa no era especialmente ambicioso desde el punto de vista artístico, informativo, dramático o divertido, se mantuvo al aire durante 27 años. Esto significa que el programa cumplía el criterio de la buena radio estadounidense: vendía anuncios.

Lever Brothers y otros jaboneros crearon programas similares de larga duración, sencillos y basados en la fidelidad, que acabarían conociéndose como *soap operas* (telenovelas). La más duradera, *Guiding Light* (La luz que nos guía), comenzó en 1937 como un programa de radio de una compañía de jabones mal llamada Duz ("Duz lo hace todo"). Estaba en el lugar adecuado en el momento oportuno durante el auge de las imágenes en movimiento, y se convertiría en el programa de televisión con guion más duradero de la historia.

Antes del cine sonoro, las personas solían ser famosas porque habían hecho cosas en el mundo, como inventar el avión o llevar a un país a la guerra o salir de ella. Eran músicos y actores, pero sus rostros no eran omnipresentes y sus vidas no se seguían con minucioso detalle hasta el punto de que tuvieran el poder o la credibilidad de llevar a mucha gente a comprar un determinado tipo de jabón. Ahora, con sus rostros conmovedores que se venían encima de las multitudes asombradas, las estrellas de cine se convertirían en los influencers originales.

El cine y la televisión también alimentaron la obsesión por la piel. Las cámaras de baja definición, junto con el maquillaje y la luz, hacían que los actores parecieran exageradamente suaves e infantiles, y los trucos que había detrás de esta práctica no eran de dominio público. Las estrellas de la pantalla parecían ser en realidad una especie genéticamente superior o estar en posesión de verdades carnales sobre el mantenimiento del cuerpo que el público sólo podía esperar descubrir. Cuando un "testimonio" revelaba algún elemento de un régimen de cuidado de la piel que podía explicar la apariencia, las ventas aumentaban de forma significativa. Hordas de estrellas accedieron a decir que usaban el jabón Lux, por ejemplo, y a que sus nombres e imágenes se utilizaran en anuncios que prometían que "9 de cada 10 estrellas de la pantalla usan el jabón de tocador Lux". Lever ni siquiera les pagó, y como la práctica era tan nueva, las estrellas no pensaron en pedir nada.

El significado de *soap opera* (literalmente espectáculo de jabón) acabó transformándose para definir una tonalidad y un conjunto familiar de dispositivos argumentales hiperbólicos, y el término sigue utilizándose a pesar del distanciamiento de las compañías de telenovelas de su creación. Cuando *Guiding Light* fue cancelada en 2009 —un final marcado por bromas como la de Stephen Colbert levantando una aparente "caja de DVD" sobre su escritorio que medía unos dos metros de largo— *The New York Times* y la BBC lo anunciaron como el fin de una era. Otras telenovelas también habían disminuido su audiencia, ya que el público al que iban dirigidas, esposas que podían sintonizarlas día tras día para seguir las complejísimas líneas argumentales, se estaba reduciendo. Las telenovelas fueron sustituidas por programas de juegos y tertulias que pueden verse periódicamente, idealmente optimizados para existir como clips cortos en nuestros teléfonos, para ser consumidos en momentos ocasionales antes de que otra notificación aparezca y absorba nuestra atención hacia algo nuevo.

Procter & Gamble seguía siendo propietaria de *Guiding Light* en el momento de su cancelación y dijo que estaba buscando un nuevo hogar para la serie, pero nunca lo encontró. La gente no sólo ha dejado de ver las telenovelas, sino que está cortando la televisión por cable. La Generación X y los *millennials* están reduciendo su tamaño de forma simultánea, inspirados en la Marie-Kondo manía o #vanlife, y su minimalismo consciente del medio ambiente ha llevado a rechazar muchos productos en busca de la mejora y a ser muy conscientes de la procedencia y la calidad de otros.

Entre ellos están los productos del cuidado de la piel. Las ventas de jabón en barra del mercado masivo están en declive, mientras que las marcas de jabón *indie* y las empresas de cuidado de la piel reciben financiación de capital riesgo y se venden tan rápido como pueden llenar los *feeds* de todo el mundo en Instagram. El hecho de que la atención de la nueva generación se aleje de las pantallas de televisión y de las vallas publicitarias (al igual que la atención fue arrancada de la radio una generación antes, y de los carteles de los tranvías una generación atrás, y de las pinturas por encargo una generación anterior) puede ser el reto que la industria del jabón no pueda conquistar. El monopolio de la atención ya no puede ser adquirido de forma tan fiable por los gigantes corporativos. Esto ha abierto una nueva vía de entrada para que las empresas emergentes, los gurús y las personas influyentes guíen a los consumidores hacia sus productos.

4

Brilla

Una fila de entusiastas jóvenes abarrota una banqueta de Canal Street, a las puertas de lo que podría suponer que es un club nocturno. Salvo que son las seis de la tarde de un martes, y la multitud no está conformada por hombres hoscos y engominados, sino que son casi exclusivamente mujeres que parecen tener una media de 18 años. Parecen las más guapas de sus bachilleratos.

El grupo está esperando para traspasar las barreras de la nueva tienda insignia de una de las empresas de cuidado de la piel de mayor crecimiento del mundo, Glossier. Las anfitrionas que controlan la fila son también mujeres jóvenes, uniformadas con sudaderas rosas, que levantan la cuerda de terciopelo y conducen a pequeños grupos de clientes por el pasillo hasta un elevador para cuatro personas. Cuaderno y pluma en mano, nunca he sido más intruso.

Las clientas poseen el tipo de piel al que los publicistas han enseñado a los consumidores a aspirar. Tienen, por así decirlo, "esa tez de colegiala". No parece que usen mucho maquillaje, lo que forma parte del espíritu de Glossier, un aspecto "natural" que se opone a las elaboradas tendencias cosméticas de varias generaciones pasadas. Glossier utiliza el eslogan "La piel primero. El maquillaje después". Si el maquillaje consiste en cubrir la piel, lo que Glossier vende es, en teoría, el poder de mostrar la piel. Las modelos que aparecen en los anuncios de la empresa parecen haberse levantado de un largo y reparador sueño y haber comprado un jugo verde. Sus rostros, que tienen un ligero brillo, no muestran las dificultades de la vida. Tampoco parece que se hayan esforzado por tener un aspecto tan impecable. Simplemente, citando a Beyoncé, se despertaron así.

Al salir del elevador y entrar a la tienda, que parece una instalación de arte, con una luz blanca brillante que sale en todas las direcciones, de alguna manera sobria y a la vez abrumadora, nos encontramos con filas de pedestales blancos inmaculados que contienen tubos y frascos blancos aún más inmaculados de productos, desde limpiadores y sueros hasta bálsamos labiales y otros productos "esenciales" para el cuidado de la piel. Los espejos, siempre presentes, nos ofrecen la oportunidad de compararnos con las brillantes modelos de las fotos que nos rodean. Las etiquetas de los productos son conscientes de la química: "pH equilibrado", "sin parabenos", "alfa-hidroxiácido".

Este bullicioso y paradisiaco santuario de la piel es una espectacular colisión de los mundos de la belleza y la salud. La industria del jabón invocó por primera vez la dermatología hace un siglo como fuente de legitimidad. Ahora, el poder omnímodo del cuidado de la piel parece estar a punto de subsumir la dermatología casi por completo.

Glossier surgió del cerebro de Emily Weiss, que quizá no necesite presentación aquí. Pero, por si acaso, entró a la industria como becaria de la revista *Teen Vogue* y lanzó un blog sobre la piel, la belleza y el bienestar llamado *Into the Gloss* en 2010. Creó una comunidad leal entrevistando a mujeres sobre sus rutinas de cuidado de la piel y maquillaje. El objetivo era dar a la gente una plataforma para hablar de lo que significaba la belleza para ellas, en lugar de lo que las grandes corporaciones les hacían creer que necesitaban. Como ha dicho Weiss, empezó el sitio porque "se dio cuenta cada vez más de lo defectuoso que es el paradigma tradicional de la belleza. Históricamente ha sido una industria basada en expertos que te dicen a ti, el cliente, lo que debes o no debes usar en tu rostro".

A los 29 años, en 2014, Weiss lanzó su propia línea de cuatro productos. Dado su destacado blog, la línea estaba bien posicionada para desarrollar el "culto" de seguidores que consiguió; como en cualquier otra tendencia en la misma escala, el descriptor de Glossier resulta un poco inapropiado. La línea inicial incluía una bruma facial y una crema hidratante, pero realmente explotó con un producto que se ha convertido en el canon del bolso millennial, una cera para cejas llamada Boy Brow. Recrea el efecto de los aceites que segregan los folículos pilosos cuando no los lavamos. Su popularidad hizo que millones de personas entraran en la base de consumidores de Glossier.

Weiss ha sido descrita como la Estée Lauder millennial, un homenaje a la empresaria que empezó mezclando cremas faciales caseras antiedad y vendiéndolas a las mujeres como "frascos de esperanza". Lauder amplió su línea de productos en la década de 1940 e incluso creó una franquicia de cosméticos que la situó entre los "20 empresarios más exitosos del siglo xx" de la revista *Time* (era la única mujer en la lista). El producto estrella de Lauder, presentado en 1953, fue un aceite perfumado llamado Youth Dew (Rocío de Juventud).

Glossier, en cuya misión se establecía, en parte: "Lo nuestro es una piel brillante y llena de rocío", está valorada en más de 1 000 millones de dólares. Lo que empezó como un blog que se enfrentaba al paradigma tradicional de la belleza es ahora una empresa con 40 productos diferentes, incluyendo fragancias y lociones corporales. En 2017 el gobernador de Nueva York, Andrew Cuomo, anunció con orgullo que Glossier se trasladaría a una oficina de 2 400 metros cuadrados en el SoHo, con lo que se añadían 282 nuevos puestos de trabajo y con tres millones de dólares en créditos fiscales. Si bien la mayoría de los productos de Glossier se vende en línea, ahora ha abierto dos tiendas insignia, una en Los Ángeles y otra en Nueva York, donde me encuentro.

Mi amiga Leah Finnegan me acompaña; ella escribe sobre consumo, cultura online y feminismo, entre otras cosas. Me explica que la historia de Weiss como emprendedora en un sector dominado durante mucho tiempo por directores ejecutivos masculinos es parte del atractivo de la empresa. En un evento organizado por *The Atlantic* en 2018, Weiss habló sobre ser una mujer emprendedora en un espacio tradicionalmente masculino. Mientras explicaba cómo ha hecho crecer la empresa para satisfacer la demanda, más allá del aspecto "natural" para atender también a las consumidoras que quieren parecerse "a una Kardashian", expresó que la expansión permitía a las mujeres "tomar sus propias decisiones".

Aunque ahora se encuentra entre los principales empresarios y creadores de gustos en el ámbito del cuidado de la piel, Weiss sigue destacando su postura crítica: "Durante mucho tiempo [la industria de la belleza] ha estado en manos de un puñado de conglomerados que son empresas multimillonarias —dijo en el evento de *The Atlantic*—. Por suerte, estamos en la era de las redes sociales y la expresión personal, en la que todo el mundo puede ser su propio experto".

Aunque, por supuesto, cuando todos son expertos, nadie lo es.

Leah considera que este discurso de empoderamiento es una ilusión. "Por supuesto estoy a favor de las mujeres CEO, pero ¿realmente necesitamos que nos digan que cuidemos más nuestra piel? ¿Es ésa la mejor manera de utilizar su poder e influencia?" La autora rebate las afirmaciones de Weiss de ser una campeona de las mujeres señalando que también les está vendiendo estándares de belleza extremos e inalcanzables. El hecho de que estos productos y estándares provengan de una mujer no los hace buenos. "El problema son los estándares en sí mismos. Es el autoritarismo."

En cierto modo está bromeando y en cierto modo no. La ciudad está realmente asfixiada con tiendas que venden productos para la piel, desde bodegas hasta farmacias y grandes almacenes, aunque pocos tengan filas fuera de ellos. Hay vallas publicitarias y maniquíes físicamente imposibles y portadas de revistas brillantes que crean y perpetúan ideas de lo bueno y lo malo, lo correcto y lo incorrecto. Las empresas que elaboran cuidadosamente estos mensajes también se congratulan cuando se desvían mínimamente e incluyen a alguien que no es extremadamente delgado, o que tiene más de 40 años, o cuya piel no está libre de arrugas y tonificada a la perfección.

Mientras deambulo por la tienda de Nueva York, tratando de no parecer demasiado fuera de lugar, me atrae un producto llamado Invisible Shield (Escudo Invisible). Resulta ser un protector solar de FPS 35 que cuesta 25 dólares por una onza (algo así como 28 gramos de producto). No promete ser más que un protector solar. Sin embargo, al verlo, lo quiero. Siento que de algún modo sería mejor, en este lugar con esta multitud, si lo abriera allí mismo y me lo untara en la cara, incluso bastaría con tenerlo en el bolsillo, aunque también podría ser mejor de otra forma.

Los productos de la tienda Glossier están muy bien empaquetados, pero su contenido es sorprendentemente estándar. El popular tratamiento para el acné, una "barrita para los granos", contiene el antibiótico tópico peróxido de benzoilo. Éste es el ingrediente más común en los tratamientos para el acné de venta libre. La mayoría de las marcas de cuidado de la piel, cosméticos y farmacias lo vende de alguna manera. El producto de Glossier cuesta 14 dólares por poco más de una décima parte de una onza. Saco mi teléfono y veo que Walmart vende una barra con 1.5 onzas (casi 15 veces más) por cinco dólares.

Al igual que los imperios del jabón y las marcas de belleza que le precedieron, Glossier es una historia de ganarse la confianza de los consumidores a través de los medios más nuevos. También se trata, explica Leah, de que la gente "quiera convertirse en Emily Weiss comprando sus productos". Su rostro es sinónimo de la marca, que está impregnada de la sofisticación urbana del *jet-set* y de la búsqueda de un camino propio hacia la independencia financiera. Weiss, cuya empresa tiene más de dos millones y medio de seguidores en Instagram, ha aprovechado el potencial de las plataformas de comunicación que habrían hecho que William Lever arrojara espuma por la boca. Una revista de moda la calificó de "pionera en traducir el contenido en comercio".

A diferencia de los patrocinios de las celebridades del siglo pasado, Weiss también ha creado una amplia red de "representantes" en el espacio de los influencers especializado en el ámbito del bienestar y la piel que no necesariamente tienen grandes audiencias. Pero sí tienen audiencias fieles, sobre todo en Instagram. Estos representantes obtienen comisiones y crédito en la tienda por ayudar a vender productos Glossier. Como cuenta la periodista Cheryl Wischhover, Weiss aprovechó "el viejo adagio de que la recomendación más fiable viene de un amigo cercano".

Pero el primer error en la industria del bienestar es pensar que un influencer profesional es tu amigo. Un influencer es una persona que quiere explícitamente tu atención porque quiere monetizarla. Sin embargo, son populares entre los chicos. En una boda reciente hablé con una niña de 13 años cuya funda de iPhone tenía una gran calcomanía de Glossier. Le pregunté si era una influencer, y se avergonzó al tener que responder que no. Al intentar darle la vuelta a la situación, le dije que todo el mundo influye en la gente a su manera, y ella sonrió a medias y volvió a mirar su teléfono.

Aventurándome en el corazón de la experiencia Glossier, siento la punzada de ansiedad por no pertenecer. Le pregunto a Leah de dónde saca ella sus productos para la piel, y ella dice, sin dudarlo: "¡En las farmacias CVS!" Así que, lleno de curiosidad por saber en qué son diferentes los miles de productos para la piel de los miles de farmacias en casi cada esquina de éstos, que justifican una cola de adolescentes afuera de Glossier, le sugiero que vayamos y nos dirigimos a la fila para volver a subir al elevador.

Mientras caminamos por el SoHo pasamos por delante de Credo Beauty, un escaparate totalmente acristalado en donde se anuncia "Una belleza limpia, más real y más segura", que vende productos para el cabello, el cuerpo, el cuidado de la piel y maquillaje. Es una de las muchas compañías que emplean la palabra "limpia" de la manera ya habitual: no para describir lo que hacen los productos, sino para describir lo que *son*.

"Belleza limpia" es un movimiento que a veces se refiere al mínimo impacto ambiental pero también se refiere con frecuencia a una idea indefinida de pureza, otro término que tiene más sentido que un significado estándar. La etiqueta también ha venido a sustituir "natural", otro término con más vibración que el significado estandarizado. Los críticos han señalado los defectos de usar *natural* como sinónimo de *bueno*: el veneno de la serpiente de cascabel es natural, al igual que los huracanes. Los escusados no lo son.

Entre los críticos del término *natural* se encuentra uno de sus principales proveedores. En un anuncio de 2016 en el sitio web de Goop, el imperio empresarial del bienestar de Gwyneth Paltrow, la compañía lamentó que la industria de los productos de cuidado personal esté "esencialmente sin regular" y plagada de productos que contienen sustancias químicas tóxicas. "Ya que es un mercado libre, las empresas pueden usar los adjetivos que quieran cuando se trata de la comercialización y el 'ecoblanqueo' de sus productos, lo *natural*, lo *verde* y lo *ecológico* no tienen literalmente ninguna definición aplicable. En otras palabras, lo que se promociona en la parte delantera no tiene por qué coincidir con lo que aparece en la etiqueta de ingredientes en la parte trasera. En Goop estamos creando un nuevo estándar de belleza, que llamamos simplemente 'limpio'". En la actualidad Goop sigue distribuyendo todo tipo de productos denominados "naturales": una búsqueda en el sitio web de la empresa permite encontrar 762 publicaciones y productos a la venta, desde pasta de dientes natural de primera calidad hasta pilates naturales y una almohadilla para los ojos con aroma natural. Pero Paltrow también ha sido pionera en vender el mismo *ethos* vagamente puritano bajo el término "limpio". Desde 2016 la empresa ha lanzado toda una línea de productos "limpios" para el cuidado de la piel con la marca Goop, así como un libro de cocina e incluso productos que prometen "dormir limpio".

El enfoque de marketing detrás de productos como éstos representa un nuevo y trascendente nivel de búsqueda de la pureza: no sólo hay que limpiarse a sí mismo, sino que hay que hacerlo a través de productos y prácticas que son en sí mismas limpias.

El concepto se está introduciendo incluso en los productos de las cadenas de farmacias comunes. Estas tiendas llevan mucho tiempo combinando la belleza, la salud y el bienestar con pasillos enteros de jabones, champús, baños corporales, lociones y otros productos para la piel. En las farmacias CVS, por ejemplo, Leah y yo encontramos demasiadas versiones de peróxido de benzoilo como para contarlas. Junto a las versiones genéricas baratas también hay productos de lujo. Una línea se llama La Roche-Posay Laboratoire Dermatologique, cuyos productos para el "cuidado del cuerpo" están "recomendados por dermatólogos de todo el mundo" y "han demostrado clínicamente que reducen la piel seca y áspera". Hay jabones y alcoholes para eliminar la grasa, y cremas hidratantes para añadirla. Hay docenas de protectores solares.

Es posible que se deba al exceso de posibilidades de elección, más que a pesar de ello, que marcas como Glossier tengan éxito. El mercado está tan lleno de productos que la elección resulta agotadora. Glossier ofrece una selección. Si un producto se encuentra en esta increíble tienda, y Emily Weiss lo usa, entonces debe ser bueno. O al menos seguro.

Desanimados y sudorosos, Leah y yo viajamos en el tren F de vuelta a Brooklyn. Es uno de esos trayectos veraniegos en los que la gente va literalmente hombro con hombro en una caja de acero que parece estar a 32 grados y es inevitable recordar que las personas son sacos de materia orgánica metabólicamente activa. Estoy en verdad agradecido de estar rodeado de personas con regímenes de higiene eficaces. Los vagones están llenos de anuncios de una línea de vitaminas para el cabello, la piel y las uñas comercializada por la supermodelo Heidi Klum, que nos sonríe con unos dientes blancos y cegadores. Su piel está cubierta de rocío, su pelo está inexplicablemente alborotado pero su vestido no, y la marca que vende se llama Perfectil.

El delgado vaquero hípster que está detrás de la barra lleva un sombrero enorme y una corbata de bolo. Me siento y me sirve un trago que no pedí de una botella marrón que parece contener whisky. Pero el líquido sale espeso y pegajoso, como un jarabe. Si esto fuera el viejo Oeste, probablemente le habría disparado al hombre en el acto. Pero esto es la Indie Beauty Expo, la mayor reunión anual del mundo de marcas de belleza independientes, así que me callo y dejo que se explique.

Lo que ha vertido de la botella es, dice con una sonrisa, jabón. Para hombre.

El propietario parece contento al grado de la desesperación de tener a alguien con quien hablar. Sus productos parecen no interesar a la multitud, en su mayoría mujeres, que pasa junto a nosotros hacia otros stands.

Su marca se llama 18.21 Man Made. Los números son un homenaje a las Enmiendas XVII y XXI, que prohibieron y permitieron el alcohol. Deduzco que el nombre no pretendía tener un sentido analítico, sino apelar a los instintos básicos de la libre asociación: cosas que se supone que les gustan a los hombres y se sienten cómodos consumiendo. La palabra *hombre* está ahí, en el nombre de la marca. También está en el eslogan: "Artículos de aseo personal de primera calidad que la sociedad masculina se enorgullece de poseer". Las botellas de jabón de whisky parecen totalmente bebibles.

El tema del whisky es común entre los productos para el cuidado de la piel destinados a los hombres. Whole Foods vende una línea de jabones llamada Dear Clark en botellas marrones con un logotipo de cera roja fundida que se parece inquietantemente a Maker's Mark. Una tienda que visité en Minneapolis vendía una marca de jabones y cremas hidratantes en botellas negras llamada Every Man Jack, que aparecía en toda una sección de productos de cuidado personal llamada "Productos para caballero". Casi todo en la sección de cuidado de la piel de los hombres en la farmacia es negro, marrón o gris. En lugar de lavanda e hibisco, los aromas son cosas como "mountain spice", "fusión", "maderas" y "cool silver".

Las diferencias entre estos productos y sus homólogos femeninos —que suelen costar más— suelen ser la fragancia, el color y el envase. Estas cosas parecen importar ahora tanto como siempre. El cuidado de la piel para hombres es un mercado en crecimiento —un 7% de 2018 a 2019, y se espera que alcance los 166 000 millones de dólares en 2022—, pero sigue siendo una novedad en la industria en general. El grupo demográfico de 18 a 22 años también ha mostrado un interés sin precedentes en los productos de género neutro, según un informe de investigación de mercado de 2019. Pero, a falta de ofrecer alguna innovación real, los vendedores suelen tratar de abrirse paso definiendo a quién están dirigidos sus productos. La especificidad es la clave. Si estás vendiendo un producto que es para todo el mundo, estás vendiendo un producto para nadie.

Otro empresario masculino que veo en la Indie Beauty Expo es un entusiasta del paleo que está parado sobre una piel de animal, que justifica el uso de la crema corporal porque la necesita para sus "agrietadas manos de CrossFit". Resulta que es un antiguo ejecutivo de Food Network.

El argumento de su empresa, Primal Derma, cuyo logotipo es una vaca al estilo de las pinturas rupestres, es que sus productos para la piel son "paleo" porque están hechos con grasa de res.

La exposición a la que asisto se celebra en el Bajo Manhattan, en un centro de convenciones situado entre edificios de viviendas públicas. Todos los años se reúnen en esta feria empresarios del cuidado de la piel para presentar sus productos a los distribuidores, establecer contactos, encontrar proveedores y determinar nuevas formas de vender más productos para la piel. Este lugar es la punta de lanza de lo que se verá en las tiendas en los próximos años. Los ojos de los vendedores brillan con una sed de sangre por derrocar a Emily Weiss.

Autumn Henry, la principal esteticista de Exhale, uno de los spas de mayor categoría de Nueva York, me acompaña por los 6 500 metros cuadrados de la exposición. Autumn es una fuente inestimable de conocimientos sobre el sector, las tendencias, las tácticas de venta y el valor real, y aceptó ser mi guía a lo largo del vasto universo de productos de la exposición.

Los vendedores de la exposición parecen intuir que Autumn sabe lo que hace, incluso antes de abrir la boca, y que yo no. Es cierto.

Le pregunto qué hace que una marca sea *indie*.

"Es sólo un sentimiento", dice Autumn. Técnicamente, las fronteras entre el *establishment* y el *antiestablishment* son borrosas. Pero todas las marcas presentes no son tan conocidas o distribuidas, y la mayoría son desconocidas incluso para ella. Gran parte de los stands están atendidos por los fundadores de las empresas, muchos de los cuales se dedican a esto en su tiempo libre o como una segunda carrera, con la esperanza de conseguir una gran oportunidad: ser comprados por un gigante corporativo como los jaboneros de antaño, o conseguir un acuerdo de distribución con un distribuidor nacional.

"Primero necesitan un producto innovador —explica Autumn—. Así que muchos de ellos están introduciendo todo tipo de ingredientes nuevos, ya sea persiguiendo la tendencia actual o intentando que se produzca una nueva."

Al igual que en la industria del jabón, la tremenda presión para destacar en un mercado saturado obliga a las empresas a perfeccionar el arte de vender productos que ninguno de nosotros habría imaginado que quería o necesitaba. Esto se hace a menudo ponderando o creando alguna preocupación sobre un ingrediente o un síntoma o una práctica que no existía la temporada anterior.

Aquí estos planteamientos se ponen al descubierto y se ejecutan con intensidad. Las marcas independientes están haciendo las cosas necesariamente con mayor rapidez y soltura que las marcas convencionales, sacando a relucir la idiosincrasia de la industria.

Una vez que una empresa irrumpe en el mercado, también es más probable que atraiga el escrutinio de los reguladores sobre las afirmaciones que hace sobre sus productos. Pero hasta entonces, éste es un espacio para correr riesgos.

Muchos vendedores utilizan la estrategia de potenciar un enfoque ya existente. Si la gente quiere productos artesanales, aquí puede encontrar productos que se fabrican en lotes aún más pequeños, o que utilizan menos ingredientes o más puros que los que se ven en cualquier tienda. Pasamos un puesto tras otro en la exposición, bajo decoraciones vaporosas y brillantes que cuelgan del techo. Las palabras *limpio*, *puro* y *sin crueldad* son omnipresentes. Al igual que *carbón vegetal*, uno de los productos que menos se asocia con un aspecto limpio. Sobre todo si se le pregunta a un carbonero.

El propietario de una marca llamada Sumbody me ofrece una "crema hidratante de células madre fuente de juventud". (Las "células madre" son de calabaza.) Max & Me ofrece un producto Sweet Serenity Mask & Wash "benéfico para los problemas de la piel difíciles de tratar". (Los problemas no se especifican en la muestra que recibí, pero el sitio web de la empresa los enumera como acné, rosácea y cuperosis. El sitio también promete que el producto, que es en su mayor parte arcilla y miel, "te llena de hermosas vibraciones".)

Debajo de un cartel de neón que reza "Hazte dueña de tu belleza", una propietaria lleva bata médica y distribuye loción. Las vibraciones medicinales que impregnan la sala de conferencias no parecen ser casuales. En las imágenes, los anuncios y los propios productos, el desenfadado arte gráfico también está sutilmente impregnado de una sensación de vida y muerte.

La relación de la industria del cuidado de la piel con la ciencia es compleja, pero de aquí extraigo algunas reglas del juego. Está bien decir que los productos e ingredientes están "científicamente probados" y que los estudios han demostrado que su producto es bueno. Pero no está bien preguntar dónde se publicó el estudio o cuántas personas participaron en él. A diferencia de la ciencia "convencional" (de la que muchos desconfían o creen que les ha fallado), la ciencia *indie* se preocupa menos por la metodología o las estadísticas. Esta ciencia se basa en la experiencia vivida y en la pericia personal. Es el tipo de ciencia en la que un "estudio" puede significar que todo el mundo en la empresa ha probado el producto y *le ha encantado*.

Autumn se ríe y pone los ojos en blanco ante muchos de los productos, pero también se pasa la vida cuidando la piel de la gente porque cree de verdad en la importancia de cuidarla. Estos productos pretenden cambiar físicamente el funcionamiento de nuestro órgano más grande. "La gente experimenta con estas cosas como si no pudieran hacerle daño, pero también piensa que pueden ayudar —dice—. Si en verdad hace algo, si algo tiene el potencial de ayudar, también tiene el potencial de empeorar las cosas."

Por ejemplo, el popular producto Lotion P50. Fabricado por la empresa francesa Biologique Recherche, como explica el blog de belleza *Into the Gloss*, no es una loción en absoluto, sino "un tónico exfoliante francés ultra fluido". "Tónico" es una palabra de moda que no tiene un significado acordado; tampoco "ultra fluido". El producto es un exfoliante —químico—, por lo que quema las células muertas de la piel en lugar de rasparlas con fuerza física. Me han dicho que mis descripciones de estos procesos son menos atractivas que las que aparecen en los textos de marketing, pero esto es simplemente la verdad literal de lo que ocurre. Casi todos los productos son exfoliantes (eliminan las células muertas de la piel) o "limpiadores" (eliminan los aceites) o hidratantes (añaden aceites). La exfoliación es lo contrario de lo que algunos compradores podrían esperar de una *loción*, pero este requisito de información privilegiada forma parte del atractivo.

La Lotion P50 huele horrible. Una persona me la describió como un incendio de neumáticos, otra como un olor corporal. Tampoco se siente bien, eso reporta la mayoría, incluyéndome. *Into the Gloss* advierte a los lectores: "El escozor y el enrojecimiento son habituales", pero, en última instancia, merece la pena porque tiene "una mezcla abundante de AHA y BHA que te brinda ese brillo. Pero lo que hace que P50 sea tan especial es la mezcla de *sorrell* [sic], extracto de mirra, mirto y cebolla". (De ahí viene el olor.)

La fórmula original del producto, comercializado como P50 1970, está prohibida en Europa porque incluye fenol, también conocido como ácido carbólico, utilizado original-mente en jabones antimicrobianos desde finales del siglo XIX. El compuesto provoca una sensación de ardor y luego de adormecimiento, que puede resultar familiar para algunos habitantes del Reino Unido que recuerdan haber tenido que lavarse la boca con jabón carbólico como castigo. Se aconseja a los compradores que consulten a su médico si desean utilizar P50 1970 durante el embarazo o la lactancia. El sitio web de uno de los minoristas autorizados del producto también advierte que "DADA LA NATURALEZA DEL P50, ES POSIBLE QUE SE PRESENTEN DERRAMES DURANTE EL ENVÍO". (No está claro por qué.)

La botella de 250 mililitros cuesta 101 dólares. Es muy apreciado.

Parte del atractivo del cuidado de la piel es que no se trata explícitamente de un argumento racional, sino de arte, autonomía, disfrute y expresión personal.

Pero también puede ser estresante. La gran cantidad de opciones puede impedir que te sientas seguro de lo que haces. Autumn escucha a sus clientes decir que se sienten a la vez actualizados y a la moda, y que les preocupa haber hecho todo mal o haberse perdido algo importante. En lugar de ofrecer beneficios tranquilizadores y certeros, el cuidado de la piel puede convertirse en una fuente de dudas e incertidumbres constantes. Albert Einstein, que vivió en pleno auge del jabón, insistió en seguir utilizando el jabón para afeitarse, en lugar de añadir una de las nuevas y elegantes "cremas de afeitar" a su régimen. Se afirma que dijo: "¿Dos jabones? Eso es demasiado complicado".

Por supuesto, no era el típico hombre; rechazaba las posesiones materiales de todo tipo y era tan reacio a la frivolidad que dedicó su vida a descubrir una teoría universal del todo. Pero si el panorama del cuidado de la piel de los años treinta fue abrumador para Einstein, hoy no le iría bien. Navegar entre proclamas y saber en dónde depositar la fe, el tiempo y el dinero se hace más difícil en un mercado cada vez más concurrido y poco regulado.

A medida que la industria del cuidado de la piel se adentra en el ámbito de la medicina, algunos médicos se muestran reacios. Incluso los más abiertos me dicen que no pueden seguir el ritmo de todos los productos que les piden los pacientes y de todos los nuevos ingredientes. La profesión nos enseña a ser cautelosos con los nuevos tratamientos hasta que se demuestre su seguridad y eficacia. Pero a muchos pacientes ya no les basta con que un médico les responda: "No creo que eso esté estudiado, así que yo lo dejaría".

Leslie Baumann intenta tener una mentalidad abierta y estar basada en la evidencia. Fundó el Instituto de Investigación de Dermatología Cosmética de la Universidad de Miami, el primer centro académico de este tipo en Estados Unidos, que representa una aceptación institucional a la industria del cuidado de la piel. La doctora Baumann es autora del pesado libro de texto académico *Cosmeceuticals and Cosmetic Ingredients* (Cosmecéuticos e ingredientes cosméticos), que pretende guiar a otros dermatólogos a medida que asumen papeles cada vez menos dictatoriales y más receptivos, como guías a través de la colección de productos. La autora lo ve con un cauto optimismo.

Uno de los principales puntos de confusión de los que oye hablar es el retinol. Los retinoides (sustancias químicas derivadas o relacionadas con el ácido retinoico, también conocidos como vitamina A) han sido aprobados como medicamentos por la FDA. Se encuentran en algunos medicamentos de prescripción, pero también se venden sin receta.

Son importantes moléculas de señalización que regulan el crecimiento y la replicación de las células en la piel y en otros lugares. Existen pruebas de que pueden "activar" los genes que hacen que la piel produzca colágeno y "desactivar" los genes de la enzima que lo descompone. Por tanto, si el "envejecimiento" de la piel se debe en gran medida a la disminución del colágeno, que es la matriz estructural que mantiene su aspecto "firme, tenso" y no "escamoso", entonces esto sería la base de una afirmación "antienvejecimiento" semicreíble.

El colágeno tópico, por el contrario, es inútil. Tu piel está diseñada para mantener las moléculas grandes fuera, explica Baumann, por lo que no penetra. Beberlo tampoco hace nada por la piel. El colágeno se descompone mediante enzimas en el tracto digestivo, como cualquier otra proteína, y no se transporta entero desde el intestino hasta la piel. Incluso si se absorbiera en el torrente sanguíneo, primero tendría que ser capaz de introducirse en la dermis. Es como si necesitaras neumáticos nuevos y pusieras caucho en el depósito de gasolina. Sin embargo, el colágeno está presente en todas partes en la Indie Beauty Expo, donde me dicen que reafirmará y rellenará y alisará y "dará vida" a mi piel. Aunque decir esto es una barbaridad, como no se trata de afirmaciones enfocadas en la cura de enfermedades, son perfectamente legales.

La producción de nuevo colágeno requiere vitamina C (ácido ascórbico). Una persona que se vea privada de vitamina C durante unos meses empezará a sangrar por los ojos y las encías a medida que el tejido conectivo de sus vasos sanguíneos se descompone, una condición conocida como escorbuto. Baumann dice a los pacientes que el simple hecho de ingerir una de esas píldoras masticables de vitamina C es "mucho, mucho, mucho más eficaz que esas caras bebidas de colágeno".

La forma definitiva de hacer llegar la vitamina C a las células del cuerpo es la opción menos moderna, pero probada por el tiempo, de comer frutas y verduras frescas. Éstas también contienen otros elementos, como la fibra, que benefician a la microbiota. El estómago contiene ácidos fuertes de los que carece la piel para absorber nutrientes como la vitamina C.

También hay pruebas de que la vitamina C tópica puede cambiar la piel. En un estudio, los investigadores administraron a las personas vitamina C tópica y luego midieron el ARNm de sus genes de colágeno, y descubrieron que éstos se activaban, lo que sugiere que la persona podría estar produciendo un poco más de colágeno que antes. Pero este enfoque no ha demostrado ser más eficaz que la simple ingesta de vitamina C, y el mismo compuesto, cuando se mezcla en productos para la piel, puede llegar a ser exorbitantemente caro. El superpopular producto C E Ferulic cuesta 166 dólares por 30 mililitros. Lo fabrica una empresa llamada SkinCeuticals y promete proteger contra la radiación UV y la contaminación. Los tres ingredientes se indican simplemente en la parte delantera del frasco: vitaminas C y E y ácido ferúlico.

Comprados de forma individual en Amazon, estos ingredientes costarían menos de un dólar. La compra individual de los ingredientes tiene la ventaja adicional de que los suplementos nutricionales puros pueden ser examinados por terceros, como la Farmacopea de Estados Unidos, que certifica que la vitamina del envase es realmente la que figura en la etiqueta. Una vez que algo se ha mezclado en un producto para la piel, no existe ese proceso de verificación. De todos modos, los usuarios de C E Ferulic se opusieron a mi sugerencia de que podría ser divertido hacerlo en casa.

Aunque muchos productos contienen vitamina C, el ácido en C E Ferulic es la clave para hacerla llegar al cuerpo a través de la piel. A menos que un producto tenga un pH lo suficientemente bajo como para atravesar el manto ácido de la piel, ésta se encargará de transportar el producto desde el exterior. Aunque te guste el aspecto aceitoso (de rocío), cualquier efecto antioxidante de los nutrientes se pierde. No hay forma de saber esto leyendo una etiqueta.

Baumann explica que muchos ingredientes y marcas son sustitutivos del producto real, que es el estatus. Los productos caros tienden a venderse bien, dice, no a pesar de su precio sino a causa de él. "Es muy triste. Vendrá una señora con Crème de La Mer y estas cremas de 600 dólares, y pensará que está haciendo todo lo correcto para su piel, pero no está tomando un protector solar y no está tomando un retinoide y no está tomando vitamina C." La siguiente paciente será alguien que venga y se sienta culpable de no estar cuidando mejor su piel porque está ocupada cuidando a sus hijos. Ella sólo está usando protector solar y un poco de vitamina A. "Me río porque la segunda señora está haciendo algo mejor por su piel que la primera."

Le pregunto a Baumann qué es lo más difícil de disipar de la información errónea, y responde sin dudar: "Los péptidos". Se trata de una clase imprecisa de compuestos que son extremadamente caros y de los que se hacen todo tipo de afirmaciones sobre revitalización, rejuvenecimiento y antienvejecimiento. Técnicamente son sólo fragmentos de proteínas. Una proteína es un cadena larga de aminoácidos, mientras que un péptido es un cadena corta de aminoácidos. Cuando se consumen proteínas, las cadenas largas se digieren en cadenas más cortas, llamadas péptidos (de *peptos*, del griego "digerido"). Existen casi infinitas longitudes y combinaciones potenciales de aminoácidos, por lo que es

114

imposible afirmar que ningún péptido tenga efecto alguno. Pero el término es también tan amplio que carece de sentido. Aunque representan una línea de productos enormemente rentable, las afirmaciones son en extremo difíciles de probar, y pueden interactuar con otros ingredientes cuando se mezclan en una crema o suero facial. "Además, no penetran bien —dice Baumann—. Es realmente un engaño."

"También hay un auge en torno a los factores de crecimiento", añade consternada. Se trata de una amplia clase de pequeñas moléculas que las células utilizan para comunicarse entre sí. Sus funciones biológicas son críticas y complejas, y ahora algunos factores de crecimiento se añaden adrede a cremas y sueros faciales. Esto se comercializa como si fuera algo bueno, como si más factores de crecimiento significaran simplemente más belleza. Si bien esta clase de moléculas cumple funciones vitales en el tejido humano, cada tipo de molécula funciona a través de elaboradas cascadas de señalización y bucles de retroalimentación, en concierto con cientos o miles de otras moléculas de señalización. Baumann equipara la idea de poner una hormona de crecimiento aislada en la piel con desmontar un equipo de futbol americano y esperar que el mariscal de campo pueda jugar solo.

Y aunque yo sólo le pedí que nombrara una cosa, continúa: "*Odio* esas cremas de células madre". Toda nuestra piel contiene células madre, que se multiplican continuamente para crear nuevas células cutáneas. Por eso es posible que la piel muerta se desprenda de forma constante y no nos quedemos sin piel. La idea de poner células madre en la piel quiere implicar la idea de que tener más células madre hará que la piel esté más viva, o algo por el estilo. Las células madre se asocian a menudo con los fetos, y los bebés han sido el centro de los mensajes de los productos para la piel desde los primeros días del jabón. Pero tener más células madre no mejora la piel.

Tampoco es posible aplicar células madre de otra persona en la piel y esperar que se abran camino hacia la capa basal de células y se conviertan en parte de su propia línea de células madre.

Tampoco es ético vender células madre humanas. Y aunque lo fuera, no se mantendrían vivas en una crema en una estantería durante meses.

Lo abrumador de estas y otras afirmaciones sobre los ingredientes puede ser intencionado. Suelen sonar familiares y razonables, pero también lo bastante crípticas como para que creamos que no estamos preparados para entenderlas por completo. Se insta a los consumidores a que sean expertos, pero la asimetría de la información y la mínima falta de regulación de las afirmaciones de marketing hacen que resulte imposible. Es como si, por diseño, se supusiera que el consumidor levantará la mano y probará el producto. Ningún dato o explicación científica es tan poderoso como la experiencia vivida en el cuidado de la piel. Cuando los compradores tienen preguntas sobre fisiología o farmacología, o sobre qué producto sería el mejor para determinadas circunstancias, hay pocas fuentes independientes preparadas para dar una respuesta objetiva. Sin embargo, hay una multitud de empresarios dispuestos a dar respuestas a preguntas que ni siquiera sabíamos que debíamos formular.

En enero de 2018, mientras trabajaba en este libro, *The Outline* publicó una historia llamada "The Skincare Con" (La estafa del cuidado de la piel). La escritora, Krithika Varagur, observó: "Hoy en día es normal que la gente de ciertos círculos se jacte de gastar la mayor parte de su sueldo en sueros. Las últimas tendencias en el cuidado de la piel tienen un elenco científico tranquilizador: péptidos, ácidos, soluciones y otras cosas con sufijos clínicos que suelen venderse en pequeñas cantidades por grandes sumas de dinero".

"Pero todo esto es una estafa", prosigue, argumentando que hay muy pocas pruebas y mucho marketing manipulador que se utiliza para vender a la gente la idea de que necesita mejorar, cuando en realidad los estándares de belleza están determinados culturalmente. Varagur señala que Glossier, a pesar de su énfasis en la humedad, vende ahora un polvo para hacer la piel menos brillante. "Así es el círculo de la vida en una sociedad capitalista."

Su conclusión no fue que el cuidado de la piel fuera malo o que hubiera que evitarlo, sino que: "Antes de empezar un régimen de cuidado de la piel, es importante pensar por qué lo quieres seguir y por qué te parece un bien intrínseco".

La historia fue rápida y rotundamente condenada por todo internet. He aquí una pequeña muestra del discurso en Twitter:

Ja, ja, dale este artículo a alguien que ha luchado contra el acné durante más de una década y dile que el cuidado de la piel no es importante.

◻   ↻   ♡ 1.4K   ⬆

Puedes arrancar mis sueros de mis súper increíbles manos

◻   ↻   ♡ 1.1K   ⬆

Nunca olvidaré aquella vez que gasté dinero en mi piel y mejoré su textura y apariencia y me sentí más segura y feliz. Qué desperdicio, me engañaron. Una decisión terrible. No se debería confiar en mí para reconocer y atender mis propias necesidades

🗨 ⟲ ♡ 2.9K ⬆

Leah era la editora del reportaje, y estaba completamente sorprendida porque la gente fuera tan protectora con lo que ella considera una "industria a todas luces depredadora". ¿Por qué no está bien denunciarlo? "El verdadero problema es el marketing que impone una sensación de necesidad de consumir mucho y tener un aspecto determinado, la fisiopatología de la juventud y la selección de mujeres frente a hombres", dice. El problema sería menor si los hombres y las mujeres tuvieran los mismos estándares, pero lo ideal sería que no los tuvieran.

Con la curiosidad de ver cómo se recibía la historia fuera de internet, sin los supuestos efectos de contagio social en Twitter que pueden amplificar las respuestas negativas, la asigné en la clase que imparto sobre medios de comunicación de salud pública. La reacción fue la misma: como dijo un estudiante, la historia parecía estar diciendo a los lectores que sus propias experiencias con sus propios productos eran percepciones erróneas, básicamente haciéndote sentir como un loco, como si te dijeran que no puedes confiar en tus sentidos. La clase asintió de forma unánime.

El problema básico de cualquier crítica generalizada sobre el gasto que eroga la gente en el cuidado de la piel es que los muchos productos buenos y populares se meten en el mismo saco que las estafas depredadoras. Sugerir que los consumidores son crédulos, que se han convertido en consumistas irreflexivos por su propia vanidad, es culpar a los individuos de los fallos del sistema. Si los devotos del cuidado de la piel renunciaran a regímenes de mantenimiento de la salud de la piel excelentes, seguros y de fácil acceso, así como a tratamientos médicos que han sido probados de forma exhaustiva y demostrados científicamente, en favor de un misterioso suero del que han oído hablar en un anuncio de Instagram, eso podría ser motivo de preocupación para los médicos. Pero muchas personas acuden al sector del cuidado de la piel porque la medicina no ha podido dar respuesta a sus preocupaciones, y el aparato regulador no ha sabido supervisar el marketing y la publicidad, de modo que los consumidores tienen pocas posibilidades de saber en qué creer. La industria del cuidado de la piel promete esperanza y una sensación de control. Toda la historia de la humanidad ha demostrado nuestra inclinación a abandonar el escepticismo ante la posibilidad de que un producto, credo o práctica cumpla determinada promesa.

Ése fue el caso de Maya Dusenbery, una periodista que pasó gran parte de su vida con un acné grave. Sus dermatólogos le hicieron probar todas las recetas, incluyendo astringentes para secar la piel, antibióticos orales y tópicos y, finalmente, medicamentos más potentes como la espironolactona y el Accutane. Este último se conoce a veces como "última línea de tratamiento" porque se ha relacionado con efectos secundarios graves, como el suicidio y la enfermedad inflamatoria intestinal. Ella se sometió a un control de la natalidad para intentar modular los desequilibrios hormonales que pudieran estar alimentando el acné. "Si la medicina tradicional me lo recetara, lo probaría", me dijo.

Nada funcionó. Entonces, a los 26 años, apenas dos semanas después de empezar otra ronda de antibióticos orales, le apareció un dolor en las articulaciones que le hacía casi imposible moverse. Le diagnosticaron artritis reumatoide, una enfermedad autoinmune que suele describirse como un ataque del cuerpo a sus propias articulaciones.

Confiando en que los médicos encontrarían el mejor tratamiento, Dusenbery empezó a ver a reumatólogos que le dieron medicamentos para suprimir el sistema inmunitario, incluido el metotrexato, un fármaco utilizado en quimioterapia. Le ayudó, pero empezó a perder el cabello. Tuvo que someterse a pruebas cada mes para asegurarse de que el medicamento no le estaba destruyendo el hígado.

El acné es una de las razones más comunes por las que se recetan antibióticos. Algunos pacientes los toman durante meses o incluso años, a pesar de la escasa probabilidad de que sean beneficiosos y de las claras pruebas de que su uso excesivo es peligroso. Ese tipo de uso crónico e innecesario de los antibióticos los hace ineficaces en los casos en que son necesarios de verdad. Además, afecta nuestros microbios intestinales y cutáneos. Estas alteraciones están claramente relacionadas con cambios en el funcionamiento del sistema inmunitario. Parecen desempeñar un papel en la causa y la exacerbación de las enfermedades autoinmunes. Maya empezó a sospechar que los antibióticos orales que había estado tomando tenían algo que ver con el desarrollo de su artritis reumatoide.

Así que empezó a buscar otros remedios para su acné. Buscó en internet. Probó el cepillado de la piel (una tendencia popular en la que se cepilla la piel como el cabello y que, se supone, estimula el sistema inmunitario, entre otros beneficios). Se gastó 90 dólares en "pequeñas cosas botánicas"; probó la limpieza con aceite, las vitaminas orales y tópicas, y una miríada de otras tendencias.

"No es que la gente rechace tratamientos probados. Son pacientes desesperados. Sé que si uno está enfermo, probará cualquier cosa para mejorar —me dijo Dusenbery—. Yo no me inclinaba por los tratamientos alternativos en absoluto, pero en cuanto me enfermé fue como: sí, por supuesto que voy a probar todas estas cosas locas. Te cambia las ideas."

De vez en cuando estas cosas marcaban pequeñas diferencias, y su piel vacilaba entre el ligero enfado y la ambivalencia. Pero al final descubrió que el enfoque alternativo más interesante era hacer menos, mucho menos.

En su búsqueda por tomar el control, se encontró con uno de los términos favoritos de internet para el cuidado de la piel: algo llamado "manto ácido". Aunque el término es controvertido —algunas personas creen que es más importante que otras— tiene su base en los hechos. Los compuestos que llevamos en la piel son grasos y, por tanto, ácidos. En la escala de pH (donde 7 es neutro), la piel tiende a estar en torno a 5. La denominación de "manto ácido" se remonta a un artículo alemán de hace un siglo del dermatólogo Alfred Marchionini y sus colegas. En "El manto ácido de la piel y la defensa contra las bacterias" conceptualizó una película en la superficie de la piel que ayuda a protegerla de los microbios invasores.

Si la acidez hace esto, lo hace manteniendo una rica diversidad de microbios no peligrosos. La acidez es el estado normal del ecosistema de la piel, que alberga los microbios que nos ayudan a vivir. Cuando el pH de un entorno cambia, también lo hacen las poblaciones microbianas. Son estos desequilibrios, a menudo menos que cualquier invasión particular, los que se asocian con la enfermedad.

Este modelo de salud de la piel basado en el pH no augura nada bueno para los jabones. Un jabón, por definición, tiene un pH altamente básico de 10.3. Esto es intencional. Cuanto menos básico es un jabón, menos se adhiere a los aceites que queremos eliminar. Dove tiene un pH de 7, debido a la adición del emoliente. Esto hace que se seque menos En otras palabras, es menos capaz de fijar y eliminar los aceites. Esto es, es menos bueno en su trabajo. Es la cerveza sin alcohol de los jabones.

Al enterarse de todo esto, Dusenbery llegó a considerar que el problema consistía en despojarse de todos los productos destinados a hacer la piel menos grasa. Y a medida que se limpiaba de forma más agresiva, la piel parecía volverse más grasa con mayor rapidez. Había estado luchando contra el acné, pero se estaba convenciendo de que la batalla era el problema. Al final se dio por vencida y dejó todo. Leyó en foros sobre personas que no habían dejado que el agua tocara sus rostros durante años. Sintió que esto era extremo, posiblemente incluso patológico en sí mismo; siguió bañándose, pero sin jabón ni champú. Lo único que tocaba su cara era un paño de microfibra y la menor cantidad de agua posible.

"Empeoró mucho antes de mejorar", me dijo, haciendo una mueca. Pero después de dos agotadores meses de grasa, las cosas empezaron a mejorar. Ya no había cambios drásticos de piel seca a grasa. Su piel se mantuvo más bien en un estado constante y estable. Ésta es una observación común entre las personas que empiezan a usar menos jabón. Aunque no hay pruebas convincentes de que las glándulas sebáceas se compensen segregando más grasa cuando la piel se seca con jabones y astringentes, estos productos afectan las poblaciones microbianas. El lavado constante de las poblaciones bacterianas que producen grasa significa que la piel puede parecer más grasa.

La lección de historias como la de Dusenbery es que la prescripción de antibióticos y esteroides suele ser un atajo bien intencionado. Tales medicamentos pueden ser peligrosos para los microbios que necesitamos. Este marketing masivo y de nicho puede considerarse pronto entre las reliquias de la historia de la medicina, tan arcaico como la teoría del miasma.

"No quiero decir que mi piel sea estupenda —me dijo—, pero me salen quizá un par de pequeños granos al mes."

Éste sí es un eslogan de marketing creíble.

5

Desintoxica

"Necesitas consultar a un abogado", me decía mi novia.

"No es un delito", se convirtió en mi estribillo. "Estoy seguro de que no es un delito."

Desde el punto de vista burocrático, resulta extraordinariamente fácil poner en marcha un negocio de cuidado de la piel. Después de encontrarme con tantos vendedores de jabón y empresarios del cuidado de la piel que parecían haberse lanzado a este negocio sin ningún tipo de conocimiento o experiencia previa, y sabiendo que algunos de ellos iban a hacerse millonarios, si no multimillonarios, tenía que ver si realmente podía ser tan fácil colocar un producto de cuidado de la piel en el mercado. No pretendía vender nada. Sólo quería conocer el proceso de primera mano.

El plan era crear un producto para el cuidado de la piel para probar cómo era sacar algo al mercado. No es que estuviera planeando hacer algo ilegal, pero si pusiera a prueba los límites de la buena conciencia, ¿alguien levantaría la voz? ¿Me detendría el gobierno?

Al tomar nota de mi recorrido por la industria, sabía que necesitaba una marca pegadiza y un público objetivo: el eslogan de mi empresa sería "Brunson + Sterling: Menscare for Fucking Perfect Skin" (Cuidados masculinos para una piel jodidamente perfecta). Los nombres no significan nada; simplemente sonaban bien.

Me puse en contacto con mi colega Katie, ilustradora y diseñadora, para crear un logotipo para la empresa. Nos reunimos a almorzar en un local de ensaladas de comida rápida en Washington, D. C., lo que se convirtió en una próspera estrategia de dos horas, después de lo cual teníamos una hoja de cálculo que incluía los costos de un paquete antienvejecimiento a granel, un sitio web personalizado y activos publicitarios en Instagram. El objetivo era combinar una estética minimalista con un machismo extremo y tantas palabras de moda e ingredientes "geniales" como fuera posible.

¿Qué podríamos poner técnicamente en este… producto? ¿Podríamos decir que es "natural"? ¿Orgánico? ¿Curativo? ¿Defensa de la edad? ¿Reducción de la edad? ¿Filtración de la edad?

La respuesta es sí, a todas estas cosas. Aunque no podía afirmar que el producto podía curar enfermedades específicas, cualquier otra cosa era lícita. Notifiqué a la agencia gubernamental que supervisa la industria, la Administración de Alimentos y Medicamentos (FDA, por sus siglas en inglés), que iba a vender un *producto*, y di mi dirección, que es todo lo que se exige a los nuevos vendedores. No tuve que decir lo que contenía el producto, ni presentar ninguna prueba de que fuera seguro o de que tuviera algún efecto.

A continuación me centré en la fórmula. Muchos, si no la mayoría, de los productos para el cuidado de la piel se pueden hacer con ingredientes disponibles en cualquier farmacia o tienda de comestibles, así que por ahí empecé.

Fui a Whole Foods y compré una serie de ingredientes de moda: aceite de jojoba, vitamina C, colágeno, fibra de acacia (un prebiótico), cúrcuma, manteca de karité, miel y aceite de coco. Los mezclé en un bol en mi cocina y vertí la mezcla en unos tarros de cristal marrón de 60 mililitros que pedí en Amazon, imprimí etiquetas autoadheribles y coloqué el producto en un sitio web de Squarespace. El proceso me llevó una tarde y costó alrededor de 150 dólares. Así nació el producto estrella de Brunson + Sterling: crema para hombres.

Decidí no hacer ninguna afirmación sobre sus propiedades y sólo enumeré los ingredientes y utilicé una combinación de colores vagamente masculina. Elegancia informal, minimalismo consciente.

También decidí no probarlo en mí mismo ni en nadie conocido. Si acabábamos haciendo algunas ventas, una negación creíble podría ser importante. No tenía ninguna razón para creer que nada de lo que vendía era peligroso. De forma aislada, todos estos ingredientes son los que la FDA considera "generalmente reconocidos como seguros". Pero si probaba el producto y encontraba cualquier indicio de que la crema para hombres Brunson + Sterling no tenía ningún efecto o era perjudicial, éticamente tendría que abandonar mi proyecto. Si descubriera que sí funcionaba, es decir, que aumentaba la producción de colágeno, por ejemplo, y que por tanto tenía realmente efectos "antienvejecimiento", tendría la culpa adicional de saber que estaba vendiendo un producto que se metía con los genes de la gente. No podía mencionar este asunto de los genes en la etiqueta sin haber registrado primero la crema como un medicamento, lo que significaría someterla a todo tipo de pruebas de seguridad y exigir a los compradores que obtuvieran una receta.

Agregué a la lista un frasco de 60 mililitros de mi crema para hombres por 200 dólares.

Los productos para el cuidado de la piel están regulados en una (o varias) de las tres categorías siguientes: jabones, cosméticos y medicamentos. Estas distinciones son algo más que un simple trazado de líneas burocráticas. Definen cómo se regulan estos productos, cómo se comercializan y cómo los utilizamos en nuestro cuerpo.

En primer lugar están los jabones. No todos los productos comercializados como jabón cumplen la definición de la FDA. La FDA interpreta el término *jabón* cuando las propiedades de limpieza de un producto provienen de la combinación de una grasa y un álcali (en lugar de un detergente sintético), y el producto se etiqueta, se vende y se representa sólo como jabón. Estos productos están regulados por la Comisión de Seguridad de los Productos de Consumo, junto con otros artículos domésticos como juguetes y herramientas. La comisión exige a los fabricantes que cumplan las normas de seguridad, pero carece de capacidad para inspeccionar cada uno de los millones de productos de consumo antes de que lleguen al mercado. En su lugar, revisa en gran medida los productos de forma retroactiva, es decir, después de que se haya producido un problema peligroso. Por ejemplo, en octubre de 2018 la comisión pidió a Walmart que retirara todas las hachas para campamento Ozark Trail después de que recibió informes de los consumidores de que "la cabeza del hacha puede desprenderse del mango, lo que supone un peligro de lesión".

El objetivo de la comisión es "proteger al público de los riesgos no razonables de lesión o muerte asociados al uso de los miles de tipos de productos de consumo". Éste es el tipo de regulación que muchos políticos conservadores consideran como nociva para los negocios, aunque se calcula que las lesiones, muertes y daños materiales relacionados con los productos de consumo cuestan a la nación alrededor de

1 000 millones de dólares cada año. Y si las hachas no necesitan pasar por un proceso de aprobación antes de salir al mercado, ¿por qué deberían hacerlo los jabones?

Por supuesto, los jabones representan una parte cada vez más pequeña del mercado del cuidado de la piel. Los productos de cuidado personal que contienen detergentes (aunque a menudo sigan diciendo "jabón" en la etiqueta) se consideran cosméticos, que, al igual que los alimentos y los medicamentos, están supervisados por la FDA.

La Ley Federal de Alimentos, Medicamentos y Cosméticos define los cosméticos por su uso previsto como "artículos destinados a ser frotados, vertidos, rociados o pulverizados sobre el cuerpo humano, introducidos en él o aplicados de otro modo [...] para limpiar, embellecer, promover el atractivo, o alterar la apariencia". Esto incluye las cremas hidratantes, los perfumes, el esmalte de uñas, el maquillaje, el champú, el rizado permanente, los tintes de cabello y los desodorantes.

Los medicamentos, por el contrario, son "artículos destinados a ser utilizados para el diagnóstico, la cura, la mitigación, el tratamiento o la prevención de enfermedades" y "artículos (distintos de los alimentos) destinados a afectar a la estructura o a cualquier función del cuerpo del hombre o de otros animales". Los productos que afirman "restaurar el crecimiento del cabello", "reducir la celulitis", "tratar las venas varicosas" o "regenerar las células" deben ser regulados como medicamentos.

El uso *previsto*, por supuesto, varía. Se refiere a la intención que se transmite al consumidor a través del etiquetado y los anuncios publicitarios. Así, aunque yo tenga la intención de utilizar los videos de hipnoterapia de YouTube para curar mi pierna enferma, la cinta adhesiva industrial para tratar una verruga plantar o el veneno de rata para aliviar un dolor de estómago, mi extraña pretensión no convierte estas cosas en *medicamentos*.

Un medicamento también puede definirse por la "percepción del consumidor" sobre sus usos. Por eso el cannabis es una droga, por ejemplo, aunque se venda en forma de galleta que simplemente tiene el dibujo de un cogollo o algo así, y aunque no prometa "ponerte en onda" y ni siquiera aluda a la palabra *pacheco*. La percepción del público ya está ahí.

La mayoría de las empresas de cuidado de la piel sólo se mete en problemas cuando vende un producto que se considera medicamento, pero que no está registrado como tal. Depende del vendedor qué camino quiera tomar. Las explicaciones de los nuevos productos para el cuidado de la piel se orientan cada vez más hacia la dirección de los medicamentos. A medida que los estándares de belleza se encaminan hacia un aspecto más "natural", en contraposición a un aspecto maquillado, cada vez hay más productos que prometen cambiar la estructura y la función de la piel para que tenga un mejor aspecto, o al menos diferente.

Éstos constituyen una categoría creciente de productos que podrían considerarse cosméticos y medicamentos. La FDA pone como ejemplos el champú anticaspa y las cremas hidratantes que afirman ofrecer protección contra los rayos UV. Otro es el de los "aceites esenciales", que se consideran cosméticos cuando se comercializan como fragancias, pero fármacos si se venden con ciertas instrucciones de "aromaterapia", como la de que el aroma ayudará al consumidor a dormir o a dejar de fumar.

Aunque la línea que separa los cosméticos de los medicamentos se está difuminando, la diferencia en la regulación es enorme. Antes de que los fármacos puedan salir al mercado, requieren años de ensayos clínicos que cuestan millones de dólares para acumular pruebas de que el producto es seguro y eficaz. Los cosméticos no requieren aprobación ni pruebas de seguridad.

Esta discrepancia llega a la atención nacional de vez en cuando. En 2017, por ejemplo, los principales medios de comunicación informaron que el popular champú acondicionador WEN del estilista Chaz Dean, que se comercializa como extra suave, sin "productos químicos agresivos", supuestamente causó que una niña pequeña llamada Eliana Lawrence perdiera el cabello. Las fotos de la niña se difundieron en las redes sociales y llamaron la atención de las senadoras Dianne Feinstein y Susan Collins, que se reunieron con Eliana. Al parecer, la niña les contó lo asustada que estaba cuando se le empezó a caer el cabello, y que en la escuela seguían burlándose de ella por las calvas que le quedaban.

La FDA había comenzado a investigar el WEN en 2014, pero sólo después de que la agencia recibiera 127 informes de clientes sobre reacciones adversas. En 2016 la cifra ascendía a 1 386. La agencia descubrió que el propio fabricante también había recibido 21 000 quejas de pérdida de cabello o irritación del cuero cabelludo, que no había transmitido a la FDA. No hay ninguna obligación de hacerlo.

Después de todo esto, a raíz de que la historia de Eliana se convirtiera en noticia, la empresa negó rotundamente que su producto fuera perjudicial. Un portavoz dijo en su momento: "No hay pruebas creíbles que respalden la afirmación falsa y engañosa de que los productos WEN provocan la caída del cabello". El acondicionador sigue en el mercado.

Demostrar con certeza que un producto específico es peligroso puede ser en extremo difícil. A menos que una enfermedad o reacción aparezca de forma rápida y fiable en múltiples usuarios de un producto, las cosas pueden descartarse normalmente al considerarlas como una coincidencia. Si a esto se añade la laxitud de las leyes y la escasa dotación de personal de la FDA, es muy raro que los productos sean objeto de una acción reguladora. Es tan raro que, cuando se demuestra que un producto es perjudicial, suele ser noticia a nivel nacional.

La novedad de estos casos da a muchos consumidores la sensación de que los daños causados por los productos de cuidado personal son también raros, aislados del ocasional huevo podrido que se retira rápidamente de los estantes. Pero incluso en los casos demostrables, o cuando una empresa admite su error y acepta retirar un producto del mercado, el proceso puede durar años. En 2017, por ejemplo, la tienda de accesorios juveniles Claire's retiró algunos productos de maquillaje comercializados para las adolescentes (incluyendo el "set de maquillaje de corazón de arcoíris" y el "maquillaje con *glitter* metálico rosa") después de que se informara de que contenían amianto, fibras afiladas que pueden causar un cáncer mortal si se inhalan. Tras la mala publicidad, Claire's decidió retirar los productos, aunque legalmente no tenía por qué hacerlo. La FDA no puede obligar a una empresa a retirar un producto. El sistema de seguridad es un código de honor.

No fue sino hasta marzo de 2019 que el comisionado de la FDA, Scott Gottlieb, dijo que la FDA había realizado pruebas y había confirmado la presencia de asbestos en el maquillaje. Aprovechó para recordar al público que "la industria de los cosméticos está experimentando una rápida expansión e innovación" —mencionó las ventas por 88 200 millones de dólares en 2018, y de 73 300 millones de dólares cinco años antes—, y sin embargo "al mismo tiempo, las disposiciones de la Ley Federal de Alimentos, Medicamentos y Cosméticos [...] no se han actualizado desde que se promulgó por primera vez en 1938".

Hasta principios del siglo XX los medicamentos se agrupaban con los cosméticos, los jabones y cualquier otra cosa que se pudiera encontrar en una tienda. Para el gobierno, los productos de autocuidado estaban bajo el amparo de los "medicamentos patentados". Nada requería la prescripción de un médico. Los tónicos y elixires que contenían potentes narcóticos a menudo no llevaban ninguna etiqueta, y, cuando la llevaban, no había garantía de que la lista de ingredientes fuera exacta.

En 1906 Theodore Roosevelt puso fin a la fiesta cuando firmó la Ley de Alimentos y Medicamentos Puros. La ley prohibía la fabricación, venta o transporte de "alimentos venenosos o nocivos, drogas, medicinas y licores" en el comercio interestatal. Proscribió los artículos "mal marcados" y "adulterados".

Y lo que es más importante, la ley empezó a definir las *drogas*. Enumeró 10 ingredientes activos, entre ellos la cocaína, el cannabis, el opio y la heroína, que los fabricantes de medicamentos de patente tendrían que revelar a los consumidores. Estos ingredientes seguían siendo legales, pero debían figurar en la etiqueta. Al parecer, Roosevelt razonó que nadie debería comprar heroína sin saber que la estaba consumiendo.

Cuando se sabe que un producto es peligroso o adictivo, surge la pregunta: ¿deben las empresas venderlo? La Ley de Alimentos y Medicamentos Puros era simplemente una ley de transparencia. Pero abrió la puerta a los esfuerzos por prohibir ciertos medicamentos que no eran seguros, seguidos de los empeños por prohibir los que eran seguros, pero no eficaces.

En un principio, estas normas fueron administradas por la Oficina de Química del Departamento de Agricultura, orientada a la investigación, y no eran sencillas. La seguridad de la mayoría de los fármacos depende por completo de la cantidad que se consume. Así que en 1927, para hacer frente a las exigencias cada vez mayores sobre estas cuestiones, la Oficina de Química se convirtió en una agencia puramente reguladora y pasó a llamarse Administración de Alimentos, Medicamentos e Insecticidas (el tercer elemento se eliminó del nombre tres años después). En 1938 la Ley de Alimentos y Medicamentos Puros fue sustituida por la más completa Ley Federal de Alimentos, Medicamentos y Cosméticos, firmada por el primo de Roosevelt, Franklin.

Luego todo se detuvo. Esta ley sigue siendo la base de la regulación federal de todos los alimentos, medicamentos, "productos biológicos", cosméticos y dispositivos médicos. El Congreso nunca la ha actualizado.

En la industria farmacéutica, en cambio, una empresa no puede sacar un producto al mercado sin haber sido sometido a ensayos clínicos que hayan evidenciado que tiene algún beneficio y no hayan mostrado pruebas de que sea perjudicial. Todo este proceso lleva años y cuesta millones de dólares. Incluso después de sacar un producto farmacéutico al mercado, no puede ser anunciado sin una lista de efectos secundarios adversos; básicamente toda la segunda mitad de cualquier anuncio televisivo de productos farmacéuticos. La publicidad sigue siendo una propuesta éticamente dudosa, y el proceso de los ensayos clínicos dista mucho de ser perfecto, pero al menos se hace algún intento de regulación y control de calidad. Y, sin embargo, la oferta de la industria farmacéutica goza de mayor desconfianza por parte del público que los productos de cuidado de la piel que aplicamos a diario al órgano más grande y extremadamente poroso de nuestro cuerpo.

"Ahora mismo, en lo que respecta a los cosméticos, las empresas y las personas que comercializan estos productos en Estados Unidos tienen la responsabilidad de la seguridad y el etiquetado de sus productos", dijo Gottlieb en una declaración de prensa emitida en un hilo de Twitter (una innovación posterior a 1938). "Esto significa que, en última instancia, un fabricante de cosméticos puede decidir si quiere probar la seguridad de su producto y registrarlo con la FDA. Para que quede claro, en la actualidad no hay ningún requisito legal para que ningún fabricante de cosméticos que comercialice productos para los consumidores estadounidenses pruebe la seguridad de sus productos."

Terminó con algunas sugerencias muy sutiles sobre lo que podría hacerse para "trabajar con las partes interesadas" para "cambiar el paradigma actual". Esto "podría incluir: registro y lista obligatorios, normas de buenas prácticas de fabricación, notificación obligatoria de efectos adversos, acceso a los registros, retirada obligatoria, etiquetado de alérgenos cosméticos conocidos y revisión de ingredientes".

Le pregunté a modo de respuesta (públicamente, en Twitter) si decía que *debían* incluir estas cosas. En ese momento él estaba a meses de dimitir, un plan que ya había anunciado. "Lo pregunto porque la mayoría de la gente asume que estas cosas ya están en marcha, como que la FDA puede hacer que las empresas retiren productos después de que se haya demostrado que son peligrosos —escribí—. Usted tendría una base realmente sólida como médico y jefe de una agencia reguladora si afirma que, en definitiva, eso debería ocurrir."

No respondió ni aclaró nada. Si el jefe de la agencia reguladora de la nación ni siquiera dice públicamente que su agencia debe tener la autoridad para saber qué ingredientes hay en los productos que se venden, nosotros estamos muy lejos de una supervisión que garantizara cualquier sensación de seguridad. La FDA no sólo no puede obligar a retirar los productos, sino que ni siquiera tiene autoridad para revisar los ingredientes de los productos de cuidado personal (con la excepción de los aditivos de color) para determinar si son seguros. Como resultado, en Estados Unidos, donde el crecimiento económico ha tenido prioridad durante mucho tiempo sobre la seguridad de los consumidores, sólo 11 sustancias están prohibidas o restringidas en los productos de cuidado personal.

Mientras tanto, la Unión Europea y Canadá llevan décadas revisando los ingredientes de los productos de cuidado personal. Más de 1500 sustancias químicas están prohibidas o restringidas en la Unión Europea, y unas 800 en Canadá. Los legisladores del estado de California propusieron un proyecto de ley en 2019 que prohibiría la inclusión de plomo, formaldehído, mercurio, amianto y muchos otros compuestos potencialmente dañinos en los productos de cuidado personal; si se promulga, sería la primera legislación de este tipo en Estados Unidos. En el momento de redactar este informe, la iniciativa aún no ha tenido éxito.

Después de conocer la historia y el presente de la regulación del cuidado de la piel, ya no me preocupaba tanto que Brunson + Sterling me metiera en problemas con los reguladores.

Hoy sigue en internet, aunque no invertí lo suficiente en publicidad para inducir a nadie a comprar uno de los frascos de 200 dólares. Al final me pareció demasiado malvado. Tal vez algún día pueda trabajar en ello.

Mientras tanto, estoy dispuesto a vender la marca por 100 millones de dólares.

En una antigua fábrica del barrio industrial de Gowanus, Brooklyn, que está en proceso de gentrificación, doblo una esquina y me llega el olor a lavanda. Proviene de un largo pasillo, detrás de una puerta a la que llamo, y Rachel

Winard responde ataviada con una filipina de cocinero. Estoy aquí para hacer un desodorante.

Winard es la propietaria de Soapwalla, una pequeña línea de productos minimalistas para la piel, bajo un esquema de comercio justo e inclusivo de género. Son las nueve de la mañana, pero ya lleva un rato trabajando en un espacio del tamaño de un departamento que sirve de cocina de pruebas, planta de producción y centro de distribución de la empresa. Cuatro empleados se ocupan de diversas tareas mientras Winard y yo pasamos por delante del costal de boxeo que cuelga de la puerta (ella entrena box) y entramos en la cocina industrial, donde un gran bol, lleno de un polvo blanquecino, descansa en la barra; parece una mezcla de pastel a punto de convertirse en masa. Reconoce la cursilería del ritual antes de bendecir el polvo en agradecimiento por la oportunidad de compartirlo con el mundo. Mientras hablamos, añade agua, remueve y vierte la mezcla en frascos de 60 mililitros. Enrosco las tapas y meto los frascos en el refrigerador para que la mezcla se endurezca.

La receta del desodorante homónimo de Soapwalla es un secreto. Winard me lo dice con una sonrisa, pero lo dice en serio. Es la razón por la que preparó los ingredientes antes de que yo llegara. El desodorante alcanzó una especie de fama viral alrededor de 2011, que Winard atribuye posiblemente a que la actriz Olivia Wilde lo elogió en público.Esto fue en la época oscura antes de los influencers, y Winard no le pagó a nadie para que lo recomendara, ni invirtió en publicidad en absoluto. Por aquel entonces, ella fabricaba el desodorante en su propia cocina.

La popularidad del desodorante se extendió, de blog en blog y de persona en persona, de la forma más auténtica en que se puede recomendar un producto: porque es bueno. El desodorante Soapwalla es una crema que debe aplicarse con el dedo. Entra en el ámbito de los desodorantes "naturales", una clase técnicamente indefinida que suele ser sinónimo de suavidad, o de listas de ingredientes que no incluyen nombres de moléculas. Los desodorantes naturales tampoco añaden los tradicionales compuestos antibióticos utilizados durante mucho tiempo en los desodorantes en barra; en cambio, emplean aceites esenciales que pueden mitigar el olor, en parte porque huelen bien y en parte porque tienen propiedades antimicrobianas. En lugar del alumbre utilizado en los antitranspirantes tradicionales para impedir nuestras funciones glandulares, los desodorantes naturales pueden basarse en mezclas de arcilla u otras sustancias en polvo que pueden absorber el sebo.

A pesar de la simplicidad y los puntos comunes básicos entre los desodorantes naturales, Winard parece haber dado con un producto sobresaliente. Para muchas personas que se han sentido a la deriva en experimentos desastrosos con los desodorantes naturales, Soapwalla brilla como un faro muy esperado en el puerto de la frescura. Lo utilicé durante la transición de un típico desodorante de barra, y funcionó igual de bien. Pero lo que realmente distingue al producto es la forma en que se vende. El envase es poco llamativo y el marketing casi inexistente. Soapwalla tiene una cuenta de Instagram, pero funciona por completo al margen de la cultura de los influencers. De hecho, no presenta a ningún ser humano, por temor a que esto cree una concepción idealizada de para quiénes son los productos y cómo deberían ser los cuerpos.

La entrada de Winard en la industria del cuidado de la piel fue azarosa. A los 12 años era una concertista profesional de violín que viajaba por todo el país. Se graduó de la preparatoria a los 16 años y dejó su casa en la Costa Oeste para asistir a Juilliard. Aunque le encantaba tocar, no podía tolerar el lado comercial de ganarse la vida con la música. Con la misma decisión con la que entró en la música, salió de ella. Hizo el examen de admisión para la escuela de leyes (LSAT, por sus siglas en inglés) y estudió Derecho en Columbia.

Su segundo día de clases de derecho fue el 11 de septiembre de 2001.

En las semanas y meses siguientes se ofreció como voluntaria en la Zona Cero. Como muchos otros que ayudaron ante la emergencia, al inhalar los restos de todo lo que se había convertido en polvo, su salud empeoró. Fue por entonces cuando, como ella misma dijo, su cuerpo "empezó a atacarse a sí mismo". No está segura de si se debió a la exposición, a la emoción o a la coincidencia. Pero en pocas semanas pasó de ser la imagen de la salud a apenas poder levantarse de la cama. Estaba completamente agotada, su energía había desaparecido. No se sentía como si estuviera deprimida, dice, sino como si la vida le hubiera sido succionada.

Comenzó con su piel.

"No tuve acné de adolescente, nunca tuve problemas de piel seca o grasa", me comenta. Pero una erupción roja que apareció en su cara y sus brazos se convirtió en dolores articulares y fiebres. Tras un año de visitas a varios médicos le diagnosticaron lupus, un trastorno autoinmune famoso por sus múltiples manifestaciones.

"Creo que la piel puede ser una especie de canario en la mina de carbón —afirma—. Al igual que cuando tienes problemas sistémicos, se ve en la piel antes de que necesariamente se sientan o antes de que comprendas que lo que estás sintiendo es algo que debería ser atendido."

Corrige con suavidad mi técnica de cerrado de la tapa.

Winard tomó todos los medicamentos inmunosupresores habituales para tratar el lupus, y los síntomas mejoraban a veces, pero su piel seguía empeorando: más roja y con más picor, ardor y dolor. "Cuando estaba en su peor momento, no podía dejar que el agua cayera sobre mi piel —recuerda—. Así que me convertí en esa consumidora desesperada que recorría los estantes en busca de cualquier cosa que dijera que era hipoalergénica o para pieles sensibles, natural, orgánica, toda esa terminología que empezaba a utilizarse entonces, en 2003."

Sin embargo, mientras intentaba limpiarse más y más, para deshacerse de lo que fuera que le causaba esto, sólo parecía empeorar. Hasta que una noche, por "desesperación absoluta, cuando no podía dormir porque quería arrancarme toda la piel, pensé: 'Bueno, voy a tener que hacer algo porque no puedo vivir así'".

Empezó a mezclar y a repetir, intentando encontrar algo lo suficientemente suave como para no oler mal, pero que diera un respiro a su piel. En el proceso dio con la fórmula de su ahora amado desodorante y empezó a usarlo. Durante este periodo de autoexploración, también se tomó un año sabático de la abogacía y se fue a la India para "resetearse". Empezó a hacer yoga y a ser más consciente de lo que comía.

En algún momento, dice, su piel se aclaró y recuperó la salud. Fue como si su respuesta inmunitaria volviera a ser normal. No intenta reducir la explicación a un solo cambio: dejar de lavarse de forma ultraagresiva, empezar a aplicar sus pociones minimalistas o la catarsis existencial de dejar Nueva York. Ella sugiere que la respuesta tiene que ver con todo lo anterior y más. Los trastornos del sistema inmunitario suelen ser inseparables del estrés, el sueño, la actividad física y la mezcla general de lo que ponemos dentro y sobre nosotros.

Es una experiencia familiar para muchas personas con enfermedades crónicas que pasan por periodos de remisión y salud, a veces sin razón aparente. Los periodos buenos se convierten en una especie de estrella polar. Después de un grave sufrimiento, los momentos de alivio pueden hacer creer que cualquier cosa que se realice en ese momento parezca la solución. Ningún aviso del médico será más convincente que el instinto de seguir haciendo lo que uno hace. Cuando volvió a casa, Winard trató de aferrarse a su nuevo estilo de vida en la medida de lo posible. Y, en su mayor parte, ha funcionado bien.

Tras encontrar por fin una fórmula de desodorante que le funcionara, Winard decidió en 2009 empezar a venderla a otras personas que pudieran estar en situaciones similares. No obtuvo ningún capital de riesgo, ni siquiera hizo publicidad de su producto. Pero se corrió la voz entre los amigos de la zona, y luego en el internet de 2010, plagado de blogs. En dos años pasó de atender un pedido ocasional en su tiempo libre a dejar su bufete de abogados para dirigir la empresa.

No está del todo claro cómo o por qué este desodorante funciona especialmente bien para muchas personas y para otras con las que hablé, no lo hace. Winard incluye arcilla para absorber la humedad, como se ha hecho durante siglos en todo el mundo. Los microbiólogos con los que hablé sugirieron que puede haber algo en las combinaciones particulares de polvos y aceites esenciales que equilibran o desplazan las poblaciones microbianas lejos de las especies productoras de olores, permitiendo al mismo tiempo que otras especies prosperen. Esto significaría que los efectos podrían tardar en verse.

Cuando me convencí lo suficiente de que era posible dejar el desodorante, volví a usar Soapwalla cada pocos días. Me da la certeza de una ausencia de olor inobjetable, cuyas probabilidades son siempre inferiores a 100% cuando no uso nada. Esa experiencia de ensayo y error personal fue mi inducción a la autoexperimentación en el cuidado de la piel. Cuando un producto funciona, en realidad no hay vuelta atrás.

Pero más importante que crear una amable crema para las axilas, la contribución más destacada de Winard al terreno cutáneo podría ser su manera de existir en una industria en la que hay tantas oportunidades de extraviarse. Ella parece ser una especie de prueba de que es posible existir en la industria de la belleza o el bienestar —y en otras— sin venderle a la gente un estándar idealizado de lo que se supone que debe parecer u oler o sentir.

Hay otros modelos de emprendimiento que no implican animar a la gente a aplicar más y más productos, o a buscar algo determinado, o vivir en la búsqueda constante de un estándar. El movimiento minimalista en el cuidado de la piel está ganando adeptos.

Adina Grigore es otra estrella de la escena neoyorquina de la moda, y un caso muy singular porque ha dejado de bañarse y ha creado una empresa de cuidado de la piel. Se llama S. W. Basics, y la filosofía de la empresa es que la mayoría de la gente debería hacer mucho menos con su piel.

"Así que lo que estoy tratando de hacer con la línea es: 'Deja tu jodida piel en paz' —me dice—. Déjala en paz todo lo que puedas."

Grigore tiene más de 30 años y acaba de dejar Nueva York para mudarse a Denver, donde ahora dirige su pequeña empresa. A diferencia de los productos de las empresas de mercado masivo, la línea S. W. Basics se aproxima a la creación y venta de productos que casi no intervienen en nuestra piel.

Los productos más vendidos son un spray de agua de rosas (llamado simplemente Rosewater) y una crema para pieles secas (Cream). Grigore me contó en un apasionado monólogo la historia de cómo su propia salud inspiró su negocio: los problemas de acné la llevaron a tener conflictos de identidad y de control.

"Estaba cubierta de una erupción en todo el cuerpo", me dice. Le dijeron que tenía foliculitis y empezó a usar una crema con esteroides por todo el cuerpo. La usó durante dos años seguidos. Por lo general, los esteroides no se recomiendan por más de unas pocas semanas porque, aunque son eficaces para desactivar el sistema inmunitario, no es un acto intrascendente. A largo plazo, hacen que la piel se rompa. Describe que su piel se vuelve visiblemente más fina.

Aquí es donde Grigore, al igual que Maya Dusenbery, tomó cartas en el asunto. "Ya no soporto despertar con las sábanas ensangrentadas porque me araño la piel por desesperación mientras duermo. Me gasté mucho dinero e hice tal cual lo que me dijeron. Ahora me deshago literalmente de todo, no me pongo nada en la piel".

En cuestión de días, recuerda, "todo estaba mejor".

Ahora mantiene vivo el espíritu del cuidado de la piel al estilo minimalista, para las personas a las que les gustan las fragancias, las sensaciones y el ritual, pero que quieren dejar su piel en paz. Está abierta al hecho de que la mayor parte de lo que vende podría ser fácilmente elaborado por cualquiera en su propia cocina.

Sin embargo, a pesar de su franqueza, y posiblemente debido a ella, el concepto de Grigore ha tenido un gran éxito. Empezó con dinero de inversionistas generosos y en fechas recientes ha firmado acuerdos de distribución con Target y Whole Foods. Incluso con todos los productos que hay ahí, ser incluido en sus tiendas es un logro muy codiciado. Los dermatólogos también venden sus productos de forma directa a sus pacientes y se llevan un porcentaje de la venta, lo que técnicamente sería una comisión. (Se considera poco ético que los médicos se lleven un porcentaje de cada medicamento que recetan, en parte porque tener un incentivo económico para recetar ciertos medicamentos podría sesgar el juicio científico del profesional. Pero hacerlo con los productos para el cuidado de la piel no suscita tales sospechas.)

Esta ubicación ideal también le evitó a Grigore dar argumentos para vender sus productos, del tipo que se ve cuando las empresas todavía están tratando de hacerse notar en Instagram. Puede seguir diciendo su verdad: que menos puede ser más. Como me dijo: "Las cosas que crees que pueden funcionar para ti, porque todo el mundo dice que lo hacen, es posible que no lo logren. La gente no es lo suficientemente paciente consigo misma y con su cuerpo, y entonces todo el mundo les dice: 'No, no necesitas paciencia, yo te voy a arreglar de la noche a la mañana'".

Una vez que asumió una rutina básica, Grigore empezó a prestar especial atención a otros aspectos de la vida que afectaban su piel: la alimentación, el sueño y el estrés. Estos efectos son más fáciles de apreciar cuando se aplican menos variables. Tal y como describe la experiencia, la reducción de productos la puso en contacto con esta faceta del cuidado de la piel de la que menos se habla: el cuidado de todo lo que hay dentro de la piel. Lo que podría llamarse autocuidado o simplemente salud.

Si parece innecesario o extraño que tantas personas inicien sus propias líneas de productos para el cuidado de la piel, el instinto de hacerlo puede deberse a la arraigada desconfianza en el mercado actual. Aunque puede haber muchos vendedores honestos y bien intencionados, no hacen falta muchos actores sin escrúpulos para arruinar la confianza de los consumidores. En un intento por ayudar a restablecer esa confianza, las senadoras Susan Collins y Dianne Feinstein presentaron en el Congreso en 2017 la Ley Bipartidista de Seguridad de los Productos de Cuidado Personal. Argumentaron en ese momento que "no tiene sentido que cada empresa de una industria multimillonaria tenga que tomar sus propias determinaciones sobre las normas mínimas de seguridad".

En la revista médica *JAMA Internal Medicine*, las senadoras advirtieron: "No hay ninguna otra clase de productos tan ampliamente utilizada en Estados Unidos que tenga tan poca regulación". Concluyeron, sin ambages, que "la falta de supervisión es una gran amenaza para la salud pública".

El proyecto de ley simplemente exigiría a las empresas que revelaran lo que contienen los millones de productos que nos untamos cada día, no para demostrar su seguridad, sino para registrar el producto y decir lo que contiene. Cuando los consumidores den a conocer los efectos adversos graves de un producto, las empresas estarán obligadas a informar a la FDA. Si la agencia ve un patrón problemático, tendría la autoridad para exigir etiquetas de advertencia y, si un producto está causando problemas graves, retirarlo.

El proyecto de ley también establecería un proceso de revisión independiente de los ingredientes utilizados en los productos de cuidado personal y autorizaría a la FDA a examinar toda la información disponible sobre ciertas sustancias químicas para determinar si son seguras. La FDA tendría que revisar al menos cinco (*cinco*) sustancias químicas o categorías de sustancias químicas por año, elegidas a partir de las aportaciones de los consumidores, los profesionales médicos, los científicos y las empresas.

La mayoría de las personas con las que hablo se sorprende de que no exista ya ninguna de estas regulaciones, sobre todo en un sector que aparentemente se basa en la pureza. ¿Puede un consumidor actuar realmente de forma autónoma cuando su acceso a la información es incompleto y el campo de juego está tan sesgado hacia los vendedores?

Durante décadas las industrias han logrado convencer al público y a sus legisladores de que la regulación aumentaría el precio de los productos y afectaría el empleo. Los requisitos de ensayo de los productos aumentarían el costo de los bienes básicos, porque las empresas trasladarían esos costos a los consumidores. Esto equivaldría a un impuesto arcaico e incluso peligroso sobre los jabones, que la sociedad considera vitales para la salud pública.

Al mismo tiempo, a otros les preocupa que la regulación también aumente las barreras de acceso y evite que entren nuevos competidores. Esto es lo que a mucha gente le gusta del cuidado de la piel: una sensación de meritocracia y bajas barreras de entrada. Las pequeñas empresas fabrican productos pequeños y lo que es bueno debería ascender a la cima, por el boca a boca, porque en realidad funciona. El cuidado de la piel es la vanguardia de una democratización de la salud ampliamente extendida: un alejamiento de la autoridad médica centralizada. Desde el punto de vista legal cualquiera puede entrar. Los guardianes no han desaparecido, pero sus puertas son mucho más pequeñas. Nadie necesita un seguro médico o una receta para participar. Los vendedores no precisan pasar por una formación ni endeudarse con cientos de miles de dólares en préstamos estudiantiles. Ni siquiera tienen muchos gastos generales. Las empresas pueden dirigirse desde su propio departamento. El marketing puede hacerse en Instagram.

Muchos consumidores están más que preparados para este cambio de poder. A diferencia de muchas otras especialidades médicas, los pacientes de dermatología a menudo pueden ver si su tratamiento está funcionando. Un cardiólogo puede recetar un medicamento para la presión arterial o un fármaco para el colesterol que supuestamente disminuye la probabilidad de que una persona muera décadas después, pero no cambia su aspecto ni su estado de ánimo. Del mismo modo, sólo un oncólogo puede evaluar la eficacia de la quimioterapia para erradicar un cáncer. Pero cualquier persona que se mire al espejo tiene un conjunto de datos significativos sobre el estado de su propia piel.

Maya Dusenbery, cuya trayectoria personal en materia de salud es muy parecida a la de Winard, cree que el papel de los médicos y los científicos en todo esto no debería ser el de intentar recuperar su lugar como principales guardianes del conocimiento, ni posicionarse como únicos árbitros de la verdad. Por el contrario, es momento de romper la vieja dicotomía en medicina entre lo "convencional" y lo "alternativo". He llegado a pensar en esto de forma trivial: lo que la ciencia ha demostrado, y todo lo demás. Pero es más complejo que eso. En su lugar, los expertos y las agencias autorizadas podrían ayudar a dividir las cosas en cuatro categorías: lo que de verdad funciona; lo que quizá *podría* funcionar, pero no ha sido estudiado; lo que es por completo inverosímil y lo que en definitiva ha demostrado ser inútil o perjudicial.

Dusenbery se sentía preparada para emprender el camino del minimalismo radical y la experimentación con productos novedosos porque es una periodista que ha cubierto ciencia y medicina durante años. Escribió un libro de historia etnográfica sobre los prejuicios sistemáticos de la profesión médica contra las mujeres. Tiene un sentido único de los problemas del paternalismo, así como de los problemas de la anarquía.

"Definitivamente, hay aspectos de las comunidades que se han formado en torno al intercambio de conocimientos sobre salud y belleza que están uniendo a la gente, en especial a las mujeres, para tomar el control de lo que durante mucho tiempo ha sido un campo dominado por los hombres", dice.

De hecho, internet está repleto de foros y relatos sobre gurús de la piel que, como es evidente, suscitan el debate y crean seguidores. Por ejemplo, el popular podcast *Forever35* mantiene una página privada de Facebook donde los oyentes publican "sobre el autocuidado y el bienestar". La comunidad contaba con más de 17000 personas la última vez que lo revisé, y una de las etiquetas más populares es "cuidado de la piel", con debates sobre la vitamina C y el acné y cosas familiares para cualquier espacio de cuidado de la piel. El debate consigue ser desenfadado y asertivo, llevando al espacio público las rutinas diarias que durante tanto tiempo se realizaron en privado y se discutieron sólo con los amigos cercanos. De este modo, la aceptación social del cuidado de la piel ya no se centra en el resultado —el aspecto final—, sino en el proceso.

El truco consiste en mantener la perspectiva de los costos y beneficios generales, y no dejar que otras personas determinen tu sistema de valores, en la medida en que eso sea posible. Varios años después de haber realizado la limpieza de productos, Dusenbery sólo utiliza aquellos que considera que añaden valor a su vida, y por curiosidad y por placer más que por un sentimiento de necesidad. Se rocía con agua de rosas y usa los sueros de caracol. En invierno probó el sebo de res como hidratante, así como un bálsamo labial de sebo de oso elaborado por una herbolaria con rastas del este de Oregón que consiguió de un oso al que ella misma disparó. "A veces me maquillo, cuando me apetece, pero no porque me parezca necesario, nada que sea necesario hacer todos los días", dice Dusenbery. (Cree que no podría haber hecho esto cuando su acné era más grave. Dada la forma en que el acné está impregnado de juicios sobre la falta de higiene, las sanciones profesionales y sociales habrían sido demasiado intensas. "Simplemente no vivimos en una sociedad en la que eso sea posible".)

Mucha gente quiere hacer menos, ser más minimalista y "natural", pero sin dejar de tener el ritual de arraigo, el tiempo para uno mismo, los significantes sociales y el vínculo social que proporciona la participación en las rutinas de limpieza. En un contexto histórico, las comunidades que surgen en torno a los productos para el cuidado de la piel, y las rutinas y las creencias son más fieles a la esencia de estar limpio que cualquiera de los productos en sí.

La solidaridad y la pasión que se gestan detrás de las líneas de productos y las marcas a veces también se pueden conseguir si no están presentes. Los abstemios se unen por haber renunciado a una o varias cosas. Los ecologistas y los devotos del "no-poo" (refiriéndose al champú) encuentran su identidad en el hecho de prescindir de él. Me he dado cuenta de que, una vez que el tema está sobre la mesa, mucha gente está dispuesta a hablar de sus creencias y prácticas de higiene. El tema tiene el efecto de romper al instante una barrera, como si se compartiera un secreto que casi nadie conoce, cuando en realidad lo único que me han contado es la frecuencia con la que se bañan. No estoy sugiriendo que sea tu primera pregunta a un desconocido. Pero derribar los tabúes de la conversación es, en realidad, un paso importante para cuestionar las normas que urge desafiar. Una vez que empiezas a escuchar todas las cosas que la gente hace y no hace, usa y no usa, no podría vivir con o sin ellas, los estándares de normalidad se desvanecen. Entonces puedes centrarte en lo que en realidad te importa.

6

Minimiza

Entre las onduladas colinas de maíz de Pensilvania y las vastas extensiones de cultivos de maíz de Indiana hay personas que casi nunca padecen asma y tienen muy pocas alergias. Y tienen, sin duda, una piel anormalmente buena.

El tráfico zumba a lo largo de la carretera interestatal de Indiana de dos carriles cuando, en medio de una soleada tarde de domingo, se ralentiza de repente hasta llegar a un punto muerto. Hay un coche de caballos en la carretera, decorado en la parte trasera con un triángulo reflectante de un metro de largo. Esto ocurre a menudo en el país de los amish. Tú circulas a 100 kilómetros por hora y de repente te rebasan carritos que van a 15. Tras una serie de colisiones en la carretera, han equipado con luces a algunos de ellos, que rompen con el tradicional rechazo de la comunidad a la tecnología moderna, pero evitan una muerte catastrófica.

El lento tráfico permite observar los puestos de venta de muebles, edredones y dulces que hay junto a la carretera, así como a las personas vestidas con trajes del siglo XIX que trabajan en los campos. Algunas de las casas de madera blanca por las que paso tienen teléfonos conectados en el patio, es una manera de estar en contacto con el mundo exterior sin dejar que sea *demasiado* accesible.

Mark Holbreich, alergólogo e inmunólogo que trabaja en Indiana desde hace tres décadas, notó algo diferente en los amish que iba más allá de su estilo de vida poco tecnológico. Afiliado a la Universidad de Indiana, en donde yo estudié, Holbreich, realiza investigaciones. Nuestros hospitales y clínicas estaban lo bastante cerca de las poblaciones amish del norte del estado como para que viéramos un número no insignificante de pacientes amish.

"Mi primera observación fue que su piel es particularmente clara y de aspecto saludable", me dice. También se dio cuenta de que las comunidades amish a las que atendía parecían tener bajas tasas de asma y alergias, y los pacientes que acudían a él pensando que tenían alguna alergia en realidad no la tenían. "Rara vez vemos eczemas o problemas de la piel", agrega.

Se preguntaba si esta baja incidencia de las enfermedades de la piel estaba relacionada de algún modo con la genética de los amish, que emigraron de Suiza hace dos siglos y tienen fama de mantener un acervo genético reducido, o si tenía más que ver con su estilo de vida. Holbreich investigó y descubrió algunos estudios europeos que indicaban que los niños que crecían en granjas solían tener menores tasas de asma y alergias que los niños de la ciudad o los suburbios.

En 2007 Erika von Mutius, del hospital infantil de la Universidad de Múnich, revisó 15 estudios sobre el funcionamiento del sistema inmunitario realizados durante la década anterior en zonas rurales de Europa (Suiza, Alemania, Austria, Francia, Suecia, Dinamarca, Finlandia y Gran Bretaña). Casi todos los estudios que analizó revelaron que las comunidades agrícolas tenían tasas muy bajas de fiebre del heno (también conocida como fiebre de primavera o rinitis alérgica) y alergias. Varios de los estudios descubrieron menos asma y sensibilización a los alérgenos entre los "niños granjeros" frente a los "niños no granjeros" (éstas no son citas que muestren mi escepticismo, es sólo que me gustan los términos). En la revista *Procedings of the American Thoracic Society*, Von Mutius consideró que se trataba del descubrimiento de un "efecto de la granja" en el sistema inmunitario.

Cuando Holbreich examinó a más de 100 niños amish en su clínica de Indiana, descubrió que las tasas de asma y alergias no sólo eran bajas según los estándares estadounidenses. Eran incluso más bajas que las de Suiza: sólo 5%, frente a 7% de los niños granjeros suizos y 11% de los niños no granjeros suizos. No pudo decir exactamente por qué, pero su hipótesis seguía la de los investigadores europeos, que implicaba "algún impacto de la exposición en la vida temprana a los microbios que creemos que se inhalan, se tragan y están en la piel".

Para comprobar esta hipótesis, Holbreich se asoció con un grupo de investigadores, entre ellos Von Mutius, para comparar las tasas de alergia de dos comunidades agrícolas genéticamente similares, los amish de Indiana y los huteritas de Dakota del Sur. Ambas se originaron en la misma región de Europa durante la Reforma protestante y llegaron a América entre los siglos XVIII y XIX. Desde entonces, ambos han permanecido relativamente aislados, con estilos de vida similares en muchos aspectos, en especial aquellos que pueden influir en el sistema inmunitario. (No tienen muchos animales domésticos en el interior, suelen tener familias numerosas que viven juntas y tienen dietas similares, están expuestos a bajas tasas de tabaquismo y contaminación atmosférica y tienen tasas comparativamente altas de lactancia materna.)

En agosto de 2016 Holbreich, Von Mutius y sus colegas sacudieron el mundo de la inmunología cuando publicaron sus hallazgos en el eminente *New England Journal of Medicine*. A pesar de todas las similitudes entre los dos grupos, las tasas de asma eran cuatro veces menores y las tasas de alergias eran seis veces menores entre los niños amish en comparación con los huteritas.

De acuerdo con los investigadores, la diferencia clave entre ambos grupos reside en la proximidad de sus hogares con las granjas. Los niños amish crecen interactuando con el entorno de la granja: los animales, el suelo y los sedimentos y microbios que inhalan los granjeros. La exposición comienza en la infancia, cuando los padres llevan a sus bebés atados mientras hacen las rondas en la granja.

Los niños huteritas tienen una experiencia diferente, alejada de un contacto tan directo con la vida de la granja. Viven en grandes propiedades comunales con casas dispuestas alrededor de una granja central. Los hombres van todas las mañanas a trabajar, pero no se permite que los niños los acompañen. Los huteritas también han adoptado la tecnología agrícola moderna, lo que significa que gran parte de su trabajo es más mecanizada que la de los amish.

"Los amish y los huteritas son muy limpios", me dice Holbreich, quien se preocupa por hacer la distinción de que no se observan altos índices de enfermedades infecciosas prevenibles en ninguno de los dos grupos. Eso es a pesar de —y, según él, debido a— su exposición a muchos microbios. En algunas bacterias, por ejemplo, las proteínas conocidas como endotoxinas estimulan el sistema inmunitario. Los investigadores descubrieron que los niveles de endotoxinas en el polvo de las casas amish eran siete veces más altos que en las casas huteritas. También examinaron el sistema inmunitario de los niños y descubrieron que el número y los tipos de células inmunitarias mostraban "profundas diferencias".

Por si fuera poco, los científicos utilizaron "colectores electrostáticos de polvo" (aspiradoras) para recoger el polvo doméstico de ambas poblaciones y lo introdujeron en las narices de ratones. Los ratones expuestos al polvo de los amish, en comparación con los expuestos al polvo placebo, desarrollaron unas vías respiratorias menos reactivas y unos niveles más bajos de células relacionadas con la alergia.

Holbreich dice que su abuela siempre le decía que "comiera algo de tierra todos los días para estar más sano, o algo así". No lo hizo, y no recomienda dejar que los niños deambulen por la naturaleza en manadas salvajes o, como sugerí, envasar el polvo de las granjas amish como una cura milagrosa para la alergia. "La ciencia no está ahí", dice.

Lo que sí sugiere la ciencia es una relación mucho más complicada entre nuestro cuerpo y los microbios de lo que hasta ahora no habíamos entendido.

Cuando hay inflamación en alguna parte del cuerpo, el resto lo sabe. Los mensajes viajan a través de intrincados canales de líquido blanco que recorren nuestro cuerpo, conectando el corazón y la piel. Al igual que el sistema circulatorio se ocupa de la sangre, el sistema linfático lo hace de la linfa, el líquido portador de las células inmunitarias. Aunque es crucial para nuestra existencia, este sistema se ha descubierto recientemente.

En 1622 el científico italiano Gaspare Aselli estaba diseccionando un perro y encontró unas "venas lechosas" que parecían contener sangre blanca. Pero no sabía lo que había encontrado. "¿Qué era esto, un perro demoniaco? ¿Un segundo sistema circulatorio? ¿Todos los animales tienen sangre blanca y roja? ¿También de otros colores?" Su contemporáneo, el médico William Harvey, propuso que los seres humanos también tenían un sistema de vasos que transportaban líquido blanco. Corría en paralelo a los vasos sanguíneos, y se llamaría "sistema linfático". Pero no pudo explicarlo.

No fue sino hasta 1962, en una reunión de la Academia de Ciencias de Nueva York, cuando un patólogo de Oxford llamado James Gowans hizo descubrimientos que explicaban cómo este fluido creaba protección contra las enfermedades a largo plazo. El sistema linfático está separado del sistema circulatorio, explicó, pero las células inmunitarias pueden pasar de un lado a otro. Describió experimentos en los que se podían inyectar células de la linfa de una rata en las venas de otra. Cuando las células se marcaban con adenosina para poder seguirlas, Gowans observaba cómo salían rápidamente a través de los tubos y llegaban a unos depósitos que él denominó ganglios linfáticos.

Los órganos del tamaño de un chícharo son intersecciones de los vasos linfáticos que recorren todo nuestro cuerpo. Cuando tienes una infección, los ganglios linfáticos de la zona se cargan de glóbulos blancos y se hinchan a varias veces su tamaño habitual. Cuando los médicos palpan la base de la mandíbula de un paciente durante una exploración física, están buscando ganglios linfáticos inflamados. Pero incluso cuando los ganglios linfáticos no están agrandados, miles de millones de glóbulos blancos —linfocitos— los atraviesan a diario. Gowans explicó cómo la eliminación de estos linfocitos en las ratas las dejaba inmunodeficientes, incapaces de organizar un ataque inflamatorio. Pero los mismos linfocitos, al colocarlos en las ratas, podían restablecer por completo la capacidad de luchar contra las infecciones.

Los linfocitos están a veces en la sangre, y otras en los ganglios, pero la mayoría de las ocasiones están en los tejidos del cuerpo, esencialmente vigilando. Buscan antígenos, a menudo descritos como material "extraño" (microbiano o de otro tipo) que entra o sale de nuestro cuerpo. Los linfocitos se desplazan por la linfa hasta los ganglios para contar el chisme interesante. Si todo está despejado, se quedan tranquilos y tan sólo vuelven a salir. Pero cuando encuentran algo, reúnen a una multitud furiosa de otros linfocitos para salir a atacar la fuente del antígeno. El proceso se denomina inflamación interna.

La inflamación puede matarnos y puede salvarnos la vida. La diferencia depende de la calibración constante del sistema, por lo que los linfocitos saben cuándo y con qué agresividad reaccionar ante cualquier exposición. Esto requiere un entrenamiento constante. Como un pediatra podría explicarle a un niño al que le gustan los dinosaurios, el sistema inmunitario puede ser entrenado para atacar un objetivo concreto del mismo modo que se entrena a los velocirraptores, haciendo que Chris Pratt cuelgue un trozo de carne del que está delante de ellos. Este tipo de exposición limitada, que es también la idea básica de la vacunación, prepara a las células inmunitarias para identificar y combatir a los invasores enemigos. Las células inmunitarias entrenadas trabajan entonces como velocirraptores entrenados, recorriendo el Parque Jurásico (el cuerpo) en busca de sus objetivos, y cazándolos implacablemente y sin piedad, pero sin matar a todo lo que se mueva.

Esto puede salir fácilmente mal, como sabe cualquiera que haya trabajado con velocirraptores. Nuestro sistema inmunitario es igual de poderoso y está dispuesto a utilizar una fuerza decisiva. Sin un entrenamiento adecuado (mediante la exposición a los antígenos a los que debe dirigirse, así como a las cosas benignas a las que no debe dirigirse), nuestro sistema inmunitario es más propenso a atacar a los invasores menos dañinos, e incluso a nuestras propias células. Cuando los depredadores del parque de dinosaurios empiezan a matarse unos a otros, tienes una película de éxito en tus manos. Cuando el sistema inmunitario empieza a atacar el cuerpo, se producen enfermedades autoinmunes.

Estas enfermedades son el resultado de una mezcla de propensión genética y exposiciones a lo largo de la vida. Algunas personas son propensas a desarrollar una enfermedad autoinmune hagan lo que hagan, pero las probabilidades se ven afectadas —si no determinadas en gran medida— por las exposiciones que entrenan el sistema inmunitario. La exposición en las primeras etapas de la vida es la clave. A los tres o cuatro años la microbiota del niño está establecida y el sistema inmunitario ha completado gran parte de su entrenamiento. Aunque el niño no desarrolle una enfermedad autoinmune hasta más tarde, parece que la base de los procesos inflamatorios se instaura en los primeros años de vida.

En la actualidad, en los países ricos de todo el mundo, la gente pasa más de 90% de su vida en interiores. No se permite que los amigos y familiares toquen a los bebés a menos que sus manos hayan sido frotadas o recubiertas con geles antibacterianos. El aire interior carece de la riqueza de partículas bacterianas que solían templar nuestros sistemas inmunitarios. Nuestra dieta es hiperprocesada y limpia y escasa en frutas y verduras frescas, que están naturalmente cargadas de bacterias. Una manzana promedio contiene 100 millones de microbios.

En conjunto, estas y todas las demás precauciones que hemos tomado —con la mejor de las intenciones— para protegernos a nosotros mismos y a nuestros seres queridos de las enfermedades, y para parecer constante y meticulosamente "limpios", han tenido al menos algún papel en la modificación del desarrollo de nuestro sistema inmunitario.

Esta idea ha tardado en imponerse, aunque sus semillas se plantaron hace décadas. En los años ochenta David Strachan, epidemiólogo que trabajaba entonces en la Escuela de Higiene y Medicina Tropical de Londres, empezó a estudiar la exposición al moho como causa del asma. Pronto se dio cuenta de que las causas eran más complejas que cualquier infestación doméstica. Al igual que algunas enfermedades son causadas por la presencia de microbios, otras pueden serlo por la ausencia de éstos.

Basándose en una encuesta nacional de niños británicos, Strachan observó que los bebés nacidos en hogares con muchos hermanos eran mucho menos susceptibles de padecer eczema y fiebre del heno que los niños con pocos hermanos. Diez por ciento de los primogénitos presentaba alergias, mientras que aquéllos con dos hermanos mayores tenían la mitad de las probabilidades de padecerlas. La tasa se redujo de nuevo a la mitad entre los que contaban con cuatro o más hermanos mayores, lo que significa que los hermanos primogénitos tienen cuatro veces más probabilidades de padecer alergias que los quintos.

Como sabe todo aquel que ha interactuado con niños, los pequeños son máquinas andantes de distribución de virus y bacterias. Al dar por hecho que a mayor número de niños en una casa hay más gérmenes compartidos, Strachan sugirió que las infecciones en la primera infancia protegen a las personas contra las enfermedades alérgicas.

Su "hipótesis de la higiene", como se conocería, fue del gusto de muchos científicos porque también explicaba el reciente aumento de las enfermedades alérgicas en el mundo desarrollado. Las familias eran cada vez más pequeñas y estaban más aisladas, las tasas de enfermedades infecciosas infantiles estaban disminuyendo y la mayoría de la gente practicaba la higiene y la limpieza a niveles nunca conocidos en la historia de la humanidad.

Los antibióticos supusieron una revolución en el ámbito de la salud y nos permitieron sobrevivir a enfermedades infecciosas que antes hubieran sido una sentencia de muerte. Son parte de la razón por la que, en el último siglo, las principales causas de muerte y discapacidad se han desplazado en gran medida hacia padecimientos como el cáncer, las enfermedades cardiovasculares, la diabetes y otras enfermedades metabólicas asociadas a la obesidad y el sedentarismo. Al mismo tiempo, algunas afecciones crónicas parecen estar alimentadas por el hecho de que muchos de nosotros no estamos *lo bastante* expuestos al mundo.

La idea básica es que a medida que nuestro sistema inmunológico se encuentra con menos desencadenantes benignos para enseñarles a funcionar, está atacando a nuestro cuerpo con más frecuencia que en el pasado. Esto se ofrece como una explicación que contribuye a cosas como el aparente aumento de alergias a los frutos secos e intolerancia al gluten. Hoy en día hay lugares donde uno de cada cuatro niños tiene eczema. La fiebre del heno era tan rara que estaba de moda, un signo de estatus y riqueza. Era una enfermedad exclusiva de las élites aisladas, mientras que los campesinos, expuestos regularmente a niveles más altos de polen, casi nunca la padecían. Desde la década de 1950 las tasas de fiebre del heno, así como las de esclerosis múltiple, enfermedad de Crohn, alergias alimentarias, diabetes tipo 1 y asma se han triplicado aproximadamente.

Las afecciones inmunológicas y alérgicas parecen haber aumentado de forma clara en paralelo a la industrialización. Hoy en día, la prevalencia de las alergias alimentarias en los niños en edad preescolar alcanza el 10% en los países occidentales, y va en aumento en países de rápido crecimiento como China. La diabetes de tipo 1 es mucho más común en Europa y Norteamérica que en el resto del mundo, y el porcentaje de niños con esta enfermedad aumenta más de 3% al año en toda Europa. La colitis ulcerosa y la enfermedad de Crohn son dos veces más comunes en Europa Occidental que en Europa Oriental.

Para comprobar el efecto del aislamiento y la industrialización en estas enfermedades, un estudio trascendental, que se inició en 2008, siguió a niños de tres países con antecedentes genéticos cercanos, pero con diferencias en las tasas de alergias y diabetes tipo 1: la industrializada Finlandia (que tiene altas tasas de ambas), la modernizada Estonia (donde las tasas han aumentado) y Rusia (donde ambas condiciones son, comparativamente, todavía raras). Cada mes, los investigadores controlaron muestras de heces de más de 200 niños en sus primeros tres años de vida. Descubrieron que los bebés finlandeses y estonios tienen poblaciones distintas de microbios intestinales en comparación con los rusos, lo que podría explicar la diferencia, no una diferencia genética, sino una disimilitud en las exposiciones acumuladas.

Sin embargo, a medida que se apilan las pruebas, algunos expertos se muestran preocupados por cualquier insinuación de que la higiene puede ser excesiva. Sally Bloomfield, por ejemplo, se define como defensora de la higiene. Profesora honoraria de la Escuela de Higiene y Medicina Tropical de Londres, donde David Strachan desarrolló su teoría, se estremece audiblemente por teléfono cuando digo "hipótesis de la higiene". Le preocupa que el término pueda ser fácilmente malinterpretado para significar que todas las prácticas de higiene son malas, y que podamos volver a la era preindustrial de aquellos brotes de enfermedades infecciosas que, aunque menos comunes hoy en día, todavía tienen el potencial de causar pandemias catastróficas.

Al igual que muchos científicos que estudian la higiene, Bloomfield ha colaborado con la industria del jabón: pasó siete años en Port Sunlight trabajando para Unilever. Algunas de las investigaciones de Val Curtis también han sido financiadas por la industria, y ha trabajado con Procter & Gamble, Colgate-Palmolive y Unilever en campañas de promoción del lavado de manos. Esto lo señalo en aras de la transparencia; no quiero decir que no existan colaboraciones intelectualmente honestas. Bloomfield aboga por un enfoque moderado, lo que ella denomina *higiene selectiva*, centrada en las prácticas que más afectan a la propagación de enfermedades. Por ejemplo, aboga por lavarse las manos con regularidad y recomienda lavar las toallas a diario, pero reconoce que bañarse puede no ser estrictamente necesario. Admite que apenas estamos empezando a descubrir a qué debemos exponernos y a qué no, qué debemos limpiar y qué debemos mantener. El reto es lograr un equilibrio saludable, no sólo hacer las cosas a medias.

Bloomfield responde a mis preguntas sobre el exceso de limpieza al notar que, en general, la duración de la vida humana está aumentando, y la gente disfruta de más años de salud, generación tras generación. Incluso si nos excedemos y surgen algunos problemas nuevos, ¿no es vivir más tiempo lo que realmente importa?

Tras dejar el país de los amish, me dirijo a un complejo secreto y fuertemente vigilado a las afueras de Chicago llamado Laboratorio Nacional Argonne. Argonne es una enorme instalación burocrática con edificios marcados como Área 400 y Área 500, iniciada por el gobierno federal en 1942 como parte inicial del Proyecto Manhattan.

Un guardia armado me recibe en la puerta y me pregunta sobre los motivos de mi visita. Le digo que soy un contribuyente curioso, y no se ríe, sino que me pide que dé la vuelta y vaya a una oficina de seguridad para que me autoricen. Registran mi coche de alquiler y finalmente se abre una puerta para permitirme entrar en el laberinto. Sigo buscando indicios de alguna conspiración gubernamental que requiera este nivel de seguridad: una bolsa errante de órganos humanoides tirada a un lado de la carretera, una patineta eléctrica militar olvidada en un campo, lejanas carcajadas de un científico loco.

Más tarde me enteraría de que, además de los trabajos nucleares, que mantuvieron en secreto durante tanto tiempo, los químicos de Argonne también descubrieron los elementos 99 y 100 y visualizaron por primera vez un neutrino. Las instalaciones albergaban un acelerador de protones llamado Sincrotrón de Gradiente Cero que permitió que los físicos rastrearan partículas subatómicas y que se desarrollara el primer reactor nuclear capaz de procesar su propio combustible, reducir los residuos atómicos y evitar otros desastres como los de Chernóbil y Three Mile Island. Los investigadores de Argonne siguen realizando trabajos de seguridad nacional, incluyendo el desarrollo de ataques de defensa contra el bioterrorismo y los ciberataques.

Es aquí también donde Jack Gilbert estudia los microbios que pueblan nuestra piel e intestinos. Al final llego a un edificio que parece un almacén y que alberga sus laboratorios y su oficina. Cuando entro, oigo mi nombre al final de un largo pasillo decorado con ilustraciones científicas de dobles hélices y virus. Gilbert viene hacia mí, saludando. Se produce ese periodo de silencio que ocurre cuando saludaste a alguien demasiado pronto y no sabes qué decir a continuación, o si debes establecer contacto visual.

Va vestido con jeans, tenis y una playera café, sin afeitar y despeinado. No huele mal ni tiene un aspecto poco saludable, sino más bien como si le importara un bledo lo que pienso de él, porque se preocupa de cosas más importantes, y ha estado trabajando en ellas desde el momento en que se despertó. Es, en otras palabras, un científico.

Gilbert es una especie de prodigio en el campo de la microbiota. A los 41 años, cuando lo conocí, era profesor titular de la Universidad de Chicago y supervisaba cinco laboratorios de microbiología afiliados, incluido el de Argonne. Fue uno de los colaboradores de Mark Holbreich y Erica von Mutius en el estudio sobre la alergia de los amish.

"Bueno, pues me baño —dice, yendo al grano—. Me baño, aunque conozco las implicaciones potenciales de ello. No todos los días, y no suelo usar mucho. De vez en cuando me lavo el cabello con un champú, pero uso un champú muy, muy ligero."

Gilbert señala que siempre estamos cubiertos de microbios, hasta cuando estamos en la regadera. Eliminar los microbios de la piel sólo abre espacio para que más microbios, incluidos los patógenos, se cuelen. Si piensas en tu piel como una fiesta en casa (como hace la gente) y tienes espacio para 20 invitados, querrás invitar al menos a 20 personas que te caigan bien, para minimizar el espacio destinado a las personas que no te agradan, que podrían caer más tarde y terminar pidiéndote el desayuno al día siguiente, y luego desordenando tu baño y vaciando tu alacena y quizá hasta quemando tu casa.

Aunque viviéramos solos y no tocáramos nada, seguiríamos recogiendo bacterias. "Todos respiramos microbios —explica—. Cuando hay niebla tóxica, hay bacterias y hongos muy diferentes que crecen en esas partículas de aire. Incluso si esos microbios no son los causantes de enfermedades como la gripe (por lo general no lo son) pueden sensibilizar el sistema inmunitario del cuerpo".

En Beijín, explica, si se abren las ventanas durante una contingencia ambiental las bacterias y los hongos que crecen en las partículas transportadas por el aire tienen el potencial de ser altamente patógenos, o causantes de enfermedades. Respirar un montón de microbios nuevos que el cuerpo no ha visto antes también podría provocar brotes autoinmunes, esa reacción exagerada que se produce con las alergias alimentarias. A las bacterias y a los hongos les encanta crecer en las partículas que quedan en el aire por la quema de combustibles fósiles. La inhalación de microbios que se alimentan de la contaminación atmosférica, señala Gilbert, "no es la clase de exposición microbiana a la que estaban acostumbrados sus antepasados".

Justo antes de mi llegada, Gilbert había hablado por teléfono con Procter & Gamble, con quien ha estado trabajando en soluciones para mejorar la calidad del aire en los hogares. Pero, aunque nadie quiere respirar esmog, al mismo tiempo, una existencia hiperfiltrada en la que no haya microbios inhalados puede no ser lo ideal.

Gilbert aboga esencialmente por el equilibrio: "Necesito vacunar a mis hijos, porque no quiero que mueran. Necesito que se laven las manos después de ir al baño, por si acaso hay una enfermedad vírica o bacteriana que pase entre la población. Pero ¿necesito esterilizar todas las superficies de mi cocina cada vez que cocino? Puedes lavarla con agua tibia y jabón quizá si has cortado pollo, pero ¿necesito esterilizarla? No".

Explica que si realmente quisieras matar todas las bacterias de tu zona de trabajo en la cocina, tendrías que dejar un desinfectante (como Clorox) en contacto con la superficie durante 10 minutos. En la forma en la que lo utilizamos por lo general, es decir, en una limpieza rápida, el producto no "mata el 99.9% de los gérmenes".

Esto ha sido erróneo, tanto en la teoría como en la práctica. Y la magnitud de sus efectos en nuestra vida está empezando a quedar clara.

"¿Conoces Lifebuoy?,*", me pregunta Luis Spitz, de forma casi retórica, asumiendo claramente que sí.

Admito que no, y él me mira a los ojos y agita un dedo frente a mi nariz.

"¡Debes conocer Lifebuoy! ¿Eres un médico que escribe un libro sobre el jabón y no conoces Lifebuoy? —me reprocha—. Esto no está bien."

Me conduce con urgencia por su amplio sótano de recuerdos de jabones hasta una fila de carteles de tranvías. A finales del siglo XIX los vagones tenían ranuras metálicas sobre las ventanillas en las que se colocaban carteles para anunciar productos (similares a los que tienen hoy los metros de Nueva York, con Perfectil y otros). Los anuncios del trolebús del jabón Lifebuoy se distinguen por sus promesas médicas. En uno de ellos, una familia sonriente aparece junto a la afirmación: "Las familias que usan Lifebuoy tienen menos resfriados y fiebres". En una época preantibiótica en la que las fiebres eran mucho más mortales, esta afirmación no era broma. Otro cartel muestra a una mujer diciendo a un niño: "Mis hijos deben *purificarse* las manos antes de comer".

Más que ninguna otra marca, explica Spitz, Lifebuoy vendió la idea de que el jabón era esencialmente una medicina. El texto publicitario, así como la simbología del salvavidas

---

* Lifebouy, en español salvavidas o chaleco salvavidas, es una famosa marca de jabón (*N. de la T.*).

de Lifebuoy, llevó al jabón al mundo de la "salud" de una manera muy específica. Introducido cuando la teoría de los gérmenes era todavía un concepto novedoso, Lifebuoy y otras marcas de jabón que le seguirían hicieron más por promover esa teoría que cualquier mensaje de la comunidad científica.

Lever Brothers introdujo Lifebuoy en Gran Bretaña en 1894. Su ingrediente activo era el ácido carbólico, un compuesto derivado del alquitrán de carbón, que podía utilizarse como antiséptico en los quirófanos, como había descubierto el médico británico Joseph Lister (homónimo de Listerine). El ácido carbólico también dio a Lifebuoy su distintivo color rojo. La empresa pronto empezó a fabricar el jabón en Estados Unidos, donde se comercializaba como "El amigo de la salud" y "Un salvavidas". En 1915 el producto pasó a llamarse Lifebuoy Health Soap (Lifebuoy Jabón Saludable). Los anuncios de este producto fueron incluso los primeros en utilizar (según lo que he podido encontrar) el término, ahora omnipresente, de "salud de la piel".

El jabón se vendió bien, sobre todo porque su auge coincidió con la pandemia de gripe de 1918, que mató a unos 50 millones de personas. Debido a su fuerte asociación con la salud, Lifebuoy sigue siendo uno de los jabones más vendidos del mundo (aunque ya no contiene ácido carbólico y ya no se vende en Estados Unidos). Es una de las marcas más importantes de Unilever en la India, donde se comercializa como defensa contra los gérmenes que causan infecciones estomacales, oculares y respiratorias.

Aunque el texto publicitario de salud general y de lucha contra los gérmenes que lanzó la marca todavía se conoce hoy en día, fue un incidente en un vestidor en 1926 lo que dio a la marca su efecto más duradero. Según cuenta la historia, un día caluroso después de un partido de golf, el hermano del entonces presidente de Lever Brothers entró en el vestidor y, como cuenta Spitz, "le disgustaron mucho los olores reinantes". Éste fue uno de esos "momentos ¡ajá!", cuando el sistema sensorial se ve abrumado por algo tan horrible que la necesidad de una solución resulta innegable.

Los primeros anuncios de Lifebuoy sobre "olores de transpiración" no tardaron en publicarse. El término pronto se ampliaría a "olores corporales" (*body odors* en inglés) y luego simplemente a "B. O.". Spitz explica que Lifebuoy es responsable de popularizar el concepto de "B. O.", que era, y sigue siendo, un término publicitario que llevó a la marca a las grandes ligas del jabón. Entre 1926 y 1930 las ventas se cuadruplicaron.

El término era tan convincente, y la implicación del anuncio una asociación tan poderosa, que personas que no tenían ningún problema con el olor lo compraban como medida preventiva. Se trataba de un marketing basado en la inseguridad y el miedo, del tipo que más tarde llegaría a dominar la industria.

El término *deodorancia* de Lifebuoy se convertiría en "desodorante", que se volvería un producto independiente que la gente aplicaría todos los días además de la limpieza con jabón. La idea era que el olor corporal lo causaban las bacterias, por lo que era necesario un jabón con un compuesto que eliminara las bacterias para evitar el olor.

Éste era un concepto de marketing, no científico, y otros empresarios tomaron nota. Al ver el ascenso de Lifebuoy, la empresa empacadora de carne Armour, con sede en Chicago, decidió entrar en el negocio de los desodorantes. Armour había estado fabricando jabón durante unos años porque tenía exceso de grasa animal. Puso hexaclorofeno en el jabón y afirmaba haber probado su capacidad para reducir los olores. Dial se presentó en 1948. El nombre evocaba la esfera de un reloj y prometía mantener a los usuarios "frescos durante todo el día". El primer anuncio decía: "Detiene el olor antes de que empiece".

Tres años después de su introducción, según Spitz, Dial superó a Lifebuoy como el jabón antimicrobiano más popular. Armour apostó fuerte por la publicidad y perdió tres millones de dólares en los dos primeros años, pero en 1953 obtuvo cuatro millones de dólares en ganancias. Enamorados de la promesa de acabar con los gérmenes, los estadounidenses convirtieron a Dial en el jabón más vendido del país.

Incluso fue elegido para ser el primer "jabón de la era espacial". El astronauta Alan Shepard llevó una pastilla de Dial en el histórico primer vuelo espacial tripulado de Estados Unidos sobre la Tierra en 1961. Y entonces, por supuesto, no hubo vuelta atrás. Estábamos en el espacio y nos esterilizábamos durante el baño.

Poco después, Procter & Gamble se adentró en el creciente ámbito de los desodorantes y jabones. En 1963 la empresa lanzó el nuevo desodorante y jabón antibacteriano Safeguard. Contenía un antibiótico llamado triclocarbán. Pocos pensaron en cuestionar la conveniencia de la aplicación diaria de antibióticos, incluso cuando salieron a la luz estudios que demostraban que las personas que utilizaban jabones y desodorantes con hexaclorofeno acumulaban el compuesto en su piel. En la década de 1970 otros estudios descubrieron que el hexaclorofeno podía ser absorbido por el cuerpo a través de la piel, afectando el sistema nervioso.

En 1972 la FDA retiró del mercado productos de consumo que contenían más de 0.75% de hexaclorofeno, pero la agencia no tenía un registro de los productos que contenían el compuesto ni de las cantidades. La revelación de los ingredientes a la FDA era voluntaria, tal como sigue siendo hoy en día. Según un historiador, para cuando la FDA tomó medidas, cerca de 6 350 toneladas del compuesto se fabricaban anualmente para uso en productos médicos y cosméticos.

Después de la catástrofe del hexaclorofeno, los productos que lo contenían fueron sustituidos por otro compuesto que mata a los microbios, conocido como triclosán, comercializado con las mismas promesas, además de garantizar que no contenía hexaclorofeno, y el negocio continuó como siempre. Se convirtió en un ingrediente común en los jabones líquidos etiquetados como "antibacteriales", así como en muchos otros productos de consumo, incluyendo ropa, utensilios de cocina, muebles y juguetes. Durante décadas nos lo hemos echado en las manos y en los desagües, dejando que se acumule en nuestras aguas y suelos.

Los estudios en animales han demostrado que el triclosán altera el funcionamiento de algunas hormonas, lo que eleva la preocupación sobre los efectos en los seres humanos. El uso de algunos jabones antibacteriales podría incluso favorecer el crecimiento de tumores hepáticos, según un estudio de 2014 publicado en la destacada revista *Proceedings of the National Academy of Science*, y el culpable parecía ser el triclosán. En ese momento, ya se sabía que el compuesto estaba relacionado con las alergias en los niños y con la alteración de la señalización hormonal que parecía estar relacionado con el cáncer de mama, el mal funcionamiento de la tiroides y el aumento de peso.

En 2014 ya era demasiado tarde para evitar la exposición de cualquier persona al triclosán, incluso si sabías buscarlo y evitarlo, cosa que la mayoría de la gente no hacía. De hecho, casi todas las personas pensaban que estaban haciendo algo bueno para sí mismas al pagar más por el jabón antibacterial.

"Nuestro interés en esto era que el triclosán es muy abundante", me dijo en su momento Robert Tukey, el principal investigador, profesor de la Universidad de California en San Diego. "Está realmente en todas partes en el medio ambiente."

Dado que los productos con triclosán se han utilizado ampliamente durante muchos años, se encuentra entre las sustancias químicas más comunes que se detectan en los arroyos. En una encuesta nacional de salud publicada en 2009 los investigadores de los Centros para el Control y la Prevención de Enfermedades descubrieron que casi tres cuartas partes de las personas que analizaron tenían triclosán en su orina. Otro estudio realizado en 2014 encontró triclosán en la orina de 100% de las mujeres embarazadas analizadas en Brooklyn.

"No estamos diciendo que el triclosán cause cáncer —dijo Tukey, haciendo una distinción muy cuidadosa—. Sólo decimos que una exposición constante a este agente ambiental, extremadamente ubicuo, puede promover el desarrollo de tumores."

No fue sino hasta 2013 cuando la FDA dijo a los productores de jabones antibacterianos que debían justificar las afirmaciones de que los limpiadores antimicrobianos tienen algún beneficio. La agencia dijo en un comunicado: "Aunque los consumidores generalmente ven estos productos como herramientas eficaces para ayudar a prevenir la propagación de los gérmenes, actualmente no hay ninguna evidencia de que sean más eficaces en la prevención de enfermedades que el lavado con agua y jabón".

Los productores de jabón no aportaron casi ninguna prueba. Tras un largo proceso deliberativo, la FDA finalmente dictaminó que el triclosán, el hexaclorofeno y otros 17 ingredientes "antimicrobianos" no pueden añadirse a los jabones para uso de los consumidores debido a la insuficiente evidencia de su seguridad (a la luz de la copiosa evidencia de su daño), y en 2017 estos ingredientes fueron retirados del mercado.

El problema no se limita a los productos que prometen matar las bacterias. También nos hemos expuesto a nosotros mismos y a nuestro entorno a conservantes con propiedades antimicrobianas. Por ejemplo, los parabenos son conservantes sintéticos que se utilizan desde la década de 1950 en una amplia gama de productos de higiene y belleza, como desodorantes, maquillaje, pasta de dientes y champú, así como en muchos alimentos envasados. Aparecen en las etiquetas como metilparabeno, etilparabeno, propilparabeno o butilparabeno. El objetivo de ponerlos en todo era hacer que los alimentos y los productos de higiene fueran más estables y, por tanto, más resistentes, asequibles y accesibles para todo el mundo.

Por muy loable que sea el concepto, en la práctica todos tenemos parabenos en la sangre. Los productos individuales suelen contener cantidades mínimas de parabenos dentro de los "límites de seguridad" establecidos por la FDA, y no suponen una amenaza discernible. La preocupación surge de la exposición acumulativa durante años y décadas, a través de una miríada de productos. Muchos expertos en salud ambiental han expresado su preocupación por la posibilidad de que esto sobrecargue nuestro cuerpo y contribuya a una amplia gama de problemas de salud. Aunque es imposible saber con certeza el grado de daño, los estudios han encontrado vínculos con un mayor riesgo de cáncer de mama y toxicidad reproductiva por medio de la alteración endocrina, ya que los parabenos imitan los efectos del estrógeno.

Los parabenos son compuestos antimicrobianos, por diseño. Matan una amplia gama de bacterias y hongos. Así que la cuestión no es si estos productos y prácticas han afectado nuestra microbiota y sistema inmunitario, sino hasta qué punto esos efectos son importantes. Investigadores del Instituto Nacional de Alergias y Enfermedades Infecciosas han descubierto que los productos que contienen parabenos pueden bloquear el crecimiento de la *Roseomonas mucosa* de la piel sana. Esta bacteria parece ayudar a mejorar la función de barrera de la piel, y puede matar directamente al *Staphylococcus aureus* que prolifera durante los brotes de eczema. En 2018 los investigadores externaron su preocupación por que, a través de esta cadena de eventos, los parabenos podrían dejar a las personas más susceptibles a los brotes de eczema.

Sin embargo, es imposible saber con exactitud cómo han cambiado los parabenos nuestras poblaciones microbianas, tanto porque nuestras microbiotas son muy diversas y complejas como porque no se puede decir razonablemente que nadie esté libre de parabenos. Los defensores de la salud pública están presionando a la FDA para que prohíba los parabenos en los productos que se venden en Estados Unidos. La Unión Europea lo hizo en 2012, pero la influencia económica de la industria en la regulación de la política estadounidense hace que esto sea poco probable.

Los conservantes antimicrobianos como los parabenos también han evitado innumerables casos de intoxicación alimentaria y mucho desperdicio, por lo que no se puede afirmar que el efecto neto de los compuestos haya sido para peor. Pero sí sirve como advertencia de que puede haber efectos acumulativos a largo plazo cuando aplicamos productos antimicrobianos en nuestra piel, y más cuando los introducimos en todos los rincones de nuestro entorno.

Graham Rook, ahora profesor emérito de microbiología médica en el University College de Londres, ha liderado una iniciativa para que la gente se exponga a la diversidad biológica que hay en nuestro cuerpo y la aprecie.

En 2016, junto con otros cinco destacados inmunólogos y especialistas en enfermedades infecciosas, declaró que era el momento de abandonar el término "hipótesis de la higiene". Propusieron en su lugar la hipótesis de los "viejos amigos" o la de la "biodiversidad". Se trataba de subrayar que muchos microbios no son nuestros enemigos, sino que simplemente están *ahí*, sobre nosotros, probablemente porque desempeñan algún papel de apoyo a otros microbios. Han evolucionado con nosotros, y los que no son nuestros amigos pueden ser amigos de los amigos, o amigos de los amigos de los amigos.

La hipótesis de la biodiversidad no propone que la *higiene* sea mala, sino que la pérdida de diferentes tipos de microbios es nociva, que las enfermedades inflamatorias y autoinmunes modernas están vinculadas a la privación de la exposición a los microbios a los que evolucionamos para estar expuestos, incluidos los patógenos y los microbios beneficiosos y neutros. Y no sólo nos vemos privados de ellos al lavarnos y usar productos antibacterianos, sino en todas las formas en que hoy estamos aislados y estériles y vivimos en un mundo demasiado, si se quiere, *limpio*.

Como me explica Rook mientras tomamos un café por Skype, la exposición temprana y regular a los microorganismos entrena al sistema inmunitario para reaccionar adecuadamente ante las amenazas: "No es que los niños de los países desarrollados no estén sometidos a suficientes infecciones cuando son pequeños, sino que su exposición al mundo microbiano está mucho más circunscrita que antes".

Los microbios maternos colonizan los intestinos de los bebés durante el parto y las células inmunitarias se transfieren durante la lactancia. Los niños pequeños siguen acumulando microbiota en cada contacto con los miembros de la familia, mientras juegan al aire libre en la tierra, los lame un perro y comparten juguetes con sus amigos. Todos esos microbios dan forma al sistema inmunitario en desarrollo, que es maleable en los primeros años de vida, como una pastilla de jabón caliente recién prensada.

Las cesáreas se han relacionado con un mayor riesgo de alergias y asma; tener un animal de compañía puede ser una protección contra ellas; y el uso de antibióticos en los más jóvenes (que eliminan mucho más que los microbios causantes de enfermedades) se ha relacionado con el asma, la alergia a la leche de vaca, la enfermedad inflamatoria intestinal (EII) y el eczema. La limpieza es parte del problema, sostiene Rook, pero también son las dietas bajas en fibra las que han cambiado las poblaciones de microbios en nuestro intestino, y los antibióticos que han cambiado los microbios dentro y sobre nosotros.

Buscar a los viejos amigos no significa exponernos a peligrosas enfermedades infecciosas. En los últimos años han surgido pequeñas comunidades que abogan por la infección intencionada con parásitos y similares para estimular el sistema inmunitario y, en el mejor de los casos, tratar las afecciones autoinmunes. Es una idea interesante, pero no está avalada por ninguna entidad médica oficial: los riesgos son indudables y los beneficios, hipotéticos. Del mismo modo, no creo que nadie deba estornudar en la cara de otra persona. Pero la gente lo sabe, y la inhalación de un estornudo no es la principal forma de contagio de los virus respiratorios. La gripe y otros virus matan a millones de personas en todo el mundo, y gran parte de ello podría evitarse cortando las cadenas de transmisión con un simple lavado de manos.

Pero hay daños asociados al exceso de aislamiento y limpieza, y al uso excesivo de jabones y antibióticos. El mejor consejo en este momento es pensar en la higiene como algo similar a la medicina, muy importante en algunos escenarios y también proclive a las exageraciones. Lo mismo ocurre con la exposición a los microbios. Históricamente, la exposición ha sido un peligro mucho mayor que el exceso de limpieza. Ahora, en gran parte del mundo, es lo contrario. Entonces, ¿cuál es la medida saludable de exposición y cómo se consigue sin comprometer la seguridad?

Jenni Lehtimäki es una estrella emergente en la investigación de la microbiota de la piel. Su investigación se centra en dilucidar las formas en que los microbios median en nuestra relación con el entorno.

Su grupo de investigadores de la Universidad de Helsinki (Finlandia) fue uno de los primeros en demostrar que la población de microbios en la piel puede tener efectos más amplios en el organismo. Cuando Lehtimäki expuso a ratones a la bacteria *Actinobacteria*, pudo rastrear una influencia pequeña, pero medible, en las reacciones inmunitarias.

Lehtimäki es originalmente ecóloga y bióloga evolutiva. Empezó a centrarse en los microbios de la piel cuando le quedó claro que están relacionados con las alergias y con el entorno en el que se vive. En un estudio reciente, ella y sus colegas analizaron perros que vivían en entornos urbanos y rurales en Finlandia. Descubrieron que los perros que habitaban en lugares rurales tenían un menor riesgo de padecer síntomas alérgicos. Pero no sólo parecía importar la ubicación. Los factores relacionados con el estilo de vida, como la cantidad de tiempo que los perros pasaban al aire libre y si estaban en contacto con otros animales, también estaban asociados con la protección contra la alergia.

Para Lehtimäki, la hipótesis de la biodiversidad significa que los microbios son los actores fundamentales en la formación de nuestro sistema inmunitario. Los primeros estudios demuestran que puede ser muy difícil cambiar la microbiota de forma permanente, pero que todo el mundo se ve afectado por exposiciones temporales. Estimulan nuestro sistema inmunitario a través del contacto con la piel y el revestimiento de los intestinos, aunque no se queden permanentemente con nosotros.

En la práctica, estos hallazgos sugieren que mantener una exposición saludable, y un sistema inmunitario también saludable, es un proceso continuo y activo. Es muy poco probable que alguien pueda llevar una vida aislada, sin apenas salir de su rascacielos de aire purificado, y mantener una microbiota diversa tomando una píldora diaria. La investigación de Lehtimäki ayuda a explicar algunos factores del estilo de vida que desde hace tiempo sabemos que están asociados a la buena salud, pero no sabemos por qué. Estar en contacto con la naturaleza, tener mascotas, vivir en comunidad y con el mundo natural afecta nuestra propia microbiota, y se convierten esencialmente en una extensión de la misma.

Las personas con las que vives también comparten tu microbiota. Las parejas que cohabitan comienzan a tener biomas similares, según un estudio de 2017 de la Universidad de Waterloo que tomó muestras de la piel de parejas que vivían juntas y separadas. Al utilizar el aprendizaje automático, el investigador principal, Josh Neufeld, fue capaz de distinguir a las parejas que cohabitan basándose en sus perfiles de microbiota con una precisión de 86 por ciento. Me dijo que los microbios de los pies solían ser los más similares, probablemente porque pisamos los mismos microbios que se depositan en el suelo. Las personas que cohabitan suelen poseer más diversidad microbiana, al igual que las personas que tienen mascotas, beben menos alcohol y hacen más ejercicio.

Como Mark Holbreich, coautor del estudio de los amish, me señaló: "Si observas las tribus aborígenes, sus microbiotas son muy diferentes a las de los habitantes de las ciudades. Y si trasladas a un aborigen a una ciudad, en pocos días su microbiota cambia. Toda la familia cambia, la casa cambia: la microbiota es una especie de órgano muy dinámico".

Lehtimäki trabaja en la modificación de la microbiota en nuestros hogares y oficinas para *aumentar* la exposición microbiana. Su enfoque es pragmático: "Como la gente es floja y no quiere hacer mucho, tal vez sólo hay que llevar los microbios a la casa de alguna manera". Algunos investigadores han intentado transportar "microbios buenos" a las casas y departamentos de la gente utilizando alfombras.

También existen esas alfombras con capacidad para caminar y amar, conocidas como perros. El estudio de Lehtimäki sobre los perros en Finlandia descubrió que cuando un perro era alérgico a algo, su dueño tenía más probabilidades que la población general de serlo también, lo que sugiere un entorno microbiano compartido.

Una mayor exposición a los entornos naturales también parece tener un efecto más amplio sobre la salud. Varios estudios han informado acerca de asociaciones entre la exposición a los espacios verdes y el estado de salud referido por los pacientes, el tipo de nacimiento y la reducción de la morbilidad. Un metaanálisis de 2018 encontró asociaciones estadísticamente significativas entre la exposición a los espacios verdes y la reducción de la presión arterial, la frecuencia cardiaca, los niveles de cortisol, la incidencia de diabetes tipo 2 y la muerte por enfermedad cardiovascular.

Hacer ejercicio al aire libre también puede tener beneficios para la salud que no se obtienen en el gimnasio. Diana Bowler y sus colegas del Reino Unido han realizado un gran trabajo en este ámbito, comparando los efectos del ejercicio en entornos "naturales" y "sintéticos" y descubrieron que un paseo o una carrera al aire libre "puede aportar mayores beneficios para la salud que la misma actividad en un entorno sintético". En otro metaanálisis de grupos caminantes se descubrió que los que caminaban al aire libre presentaban una mejora significativa de la presión sanguínea y de los porcentajes de grasa corporal en relación con los que lo hacían en interiores, lo que llevó a los investigadores a concluir que "caminar en un espacio verde o en una zona natural puede ofrecer beneficios para la salud por encima de caminar en un entorno urbano o en una caminadora".

Se han propuesto varias teorías para explicar estos resultados, entre ellas el estímulo emocional que puede suponer pasar tiempo al aire libre. Pero Lehtimäki está especialmente interesada en el papel que puede desempeñar la exposición a los microbios en la mediación de este efecto. Los conocimientos científicos son todavía muy limitados. Mientras tanto, me dice que hace lo que puede para exponerse a la naturaleza y limita el uso de productos antibacterianos. Rara vez utiliza desodorantes y evita los desinfectantes de manos. Se baña como la mayoría de los microbiólogos, es decir, de forma conservadora.

7

Volátiles

La escotilla se abrió, pero Daisy, la vieja golden retriever de Claire Guest, no dio su habitual salto fuera del coche. En cambio, se quedó sentada, con la cabeza inclinada hacia un lado, mirando a la joven científica.

"Estaba un poco recelosa conmigo —recuerda Guest—, como si algo la molestara."

Era una tarde soleada de 2009. El día había comenzado con una salida rutinaria al parque cercano a su casa de Londres. "Me miró a los ojos y le dije: '¿Qué pasa?'"

Guest, de 33 años, trabajaba como investigadora médica en un campo poco conocido: el estudio de la idea, largamente sostenida pero poco comprendida, de que los perros tienen la capacidad de oler el cáncer. Había leído informes anecdóticos, a lo largo de la historia, de mascotas que se comportaban de forma diferente con los dueños que enfermaban. Como bióloga, quería saber más sobre lo que los perros podían detectar realmente.

Daisy formaba parte del programa de investigación. Había estado viviendo con Claire durante el último año como parte de una política "sin jaula", en la que todos los perros se van a casa con varios voluntarios y familias.

Al notar la reacción de Daisy, Guest se sorprendió por el momento. Hacía unos días había sentido un pequeño bulto en el pecho, pero era joven y lo había ignorado. De repente se dio cuenta. Las biopsias darían como resultado un cáncer de mama.

Por supuesto, Claire nunca había esperado que Daisy encontrara un tumor en ella. Cuando lo hizo, convirtió su novedoso interés académico en una misión que la consumía por completo para entender lo que podría ser una pieza importante que faltaba en la medicina moderna.

Guest, cuyo cáncer está ahora en remisión, ha pasado a trabajar a tiempo completo con perros capaces de detectar señales de cáncer y otras enfermedades. Fundó una organización de investigación llamada Medical Detection Dogs (Perros para Detección Médica). La organización cuenta con un departamento de biodetección que estudia la detección de determinadas enfermedades a partir de la prueba con un hisopo o una muestra de una persona, y un departamento de asistencia que entrena a los perros para que vivan y trabajen con las personas y den la alarma en caso de emergencia médica.

"La lucha fue conseguir que esto se tratara como verdadera ciencia", dice Guest, y lograr que la gente aceptara "un biosensor con un pelaje esponjoso y una cola que se menea". En comparación con los humanos, los perros tienen muchos más receptores sensoriales y una mayor parte del cerebro dedicada al olfato. Si tuviéramos un cerebro con una estructura similar, seríamos más conscientes de los miles de sustancias químicas volátiles que nos rodean constantemente. Esto es lo que detectan los perros.

Llamados "volátiles" para abreviar, el término científico completo es compuestos orgánicos volátiles (cov), es decir, simplemente sustancias químicas que contienen carbono, más complejas que el CO_2, y que están suspendidas en el aire. Vienen con todo lo que sale de nosotros, desde el aliento hasta la mucosidad y la orina, e incluso son producidas por el funcionamiento normal de nuestra piel. Todas ellas forman una especie de huella química única para cada persona: nuestro "volatiloma" (como el genoma o la microbiota; el "oma" se utiliza últimamente para denotar cualquier conjunto grande de cosas).

Las diferencias sutiles en el volatiloma son las que permiten a los perros elegir a una sola persona conocida entre una multitud. No hace falta un cambio importante en ese volatiloma concreto para que un perro detecte que algo va mal. Y cada vez está más claro que nuestro cuerpo produce señales químicas que reflejan estados de salud y enfermedad. Las enfermedades particulares pueden tener sus propios patrones de influencia en los volátiles que emitimos, y los perros pueden ser entrenados para encontrarlos como cualquier otro olor, incluso cuando no están familiarizados con la firma olfativa habitual de la persona.

Por ejemplo, los perros han demostrado ser útiles para detectar niveles elevados de azúcar en sangre en personas con diabetes. También han tenido éxito en la detección de la enfermedad de Addison, una afección autoinmune en la que el sistema inmunitario ataca las glándulas suprarrenales. Esto hace que los niveles de cortisol de la persona caigan en picada, vulnerando los procesos metabólicos vitales. En muchas otras enfermedades se observa el escenario inverso: elevados niveles de cortisol. Guest espera que, al detectar esto, los perros también puedan reconocer los estados de estrés que podrían preceder a un ataque de pánico, o incluso a un ataque al corazón o un derrame cerebral.

"En el Reino Unido los médicos suelen ser muy escépticos con todo esto —dice—, pero cuando vienen y observan a los perros y ven lo que ocurre, se quedan sorprendidos."

La detección del olor de la enfermedad de Parkinson también ha resultado prometedora, y no sólo en los canes. Guest ha dedicado tanto tiempo a entrenar a los perros para que detecten la enfermedad que cree que ella misma puede oler la enfermedad de Parkinson. De hecho, algunas enfermeras juran que pueden oler el cáncer en sus últimas fases. Parte de la razón por la que esto es difícil de creer es que, hasta hace muy poco, los científicos no tenían ni idea de *qué es* lo que la gente detecta en realidad. Aquí es donde la nueva ciencia de la microbiota de la piel podría desempeñar un papel relevante.

Hace un siglo se informó que la enfermedad de Parkinson estaba relacionada con cambios en el sebo de la piel. Tales cambios podrían provocar alteraciones en la microbiota e, hipotéticamente, en los volátiles producidos por el ecosistema. Le pregunto a Guest sobre esta teoría y se ilumina: "¡Me fascina la microbiota de la piel!" Dice que cree que será fundamental en futuras investigaciones.

Es difícil saber cómo contribuyen los microbios de la piel y la boca al volatiloma, pero su producción se debe casi con toda certeza a una mezcla de subproductos del metabolismo humano que excretamos y que luego son metabolizados por los microbios. Las sustancias químicas que emitimos son producto tanto de los microbios como de nuestro propio funcionamiento corporal.

"No me sorprendería que no se trate de que el Parkinson tenga un olor, sino que el cambio en los neurotransmisores implique un cambio en la microbiota, y eso produzca un olor diferente —dice Guest—. No me sorprendería en absoluto si lo que los perros están captando es en realidad un cambio en las bacterias que están asociadas a la enfermedad."

A medida que las pruebas que apoyan la idea han aumentado, algunos investigadores han buscado a Guest porque piensan que al menos vale la pena intentarlo. Esto es especialmente importante en el caso de enfermedades que podrían tratarse si se detectaran antes. En 2018, por ejemplo, investigadores en México analizaron toallas sanitarias usadas y encontraron que el volatiloma del tracto genitourinario femenino cambia de manera predecible cuando una persona desarrolla cáncer de cuello uterino. La producción de sustancias químicas es quizás el resultado de cambios en la microbiota vaginal que pueden ser secundarios —o incluso una causa— de la enfermedad.

Estos cambios en la producción de sustancias químicas quizá no sean detectables por los humanos, pero sí por las máquinas. Es casi seguro que los perros respondan en estos casos.

"Este concepto se ha descartado durante mucho tiempo como un cuento popular antiguo, pero no lo es", afirma Steve Lindsay, entomólogo especializado en salud pública de la Universidad de Durham (Reino Unido). "Los perros perciben mucho más que nuestro lenguaje corporal o nuestra disposición; realmente pueden distinguir la salud de la enfermedad basándose en las sustancias químicas que emitimos. A veces los perros lo hacen mejor que las mejores pruebas que tiene la ciencia."

Lindsay estudia cómo los insectos afectan nuestra salud. Se interesó por los olores que emiten las bacterias de la piel humana mientras estudiaba las señales químicas que utilizan los mosquitos para comunicarse y localizar e infectar a los humanos. Uno de los retos más preocupantes para él y sus colegas es que, tras más de una década de drásticas reducciones de las infecciones y muertes por malaria, en los dos últimos años el mundo ha experimentado un ligero *aumento* de ambas.

La malaria se propaga a través de un complejo ciclo en el que los mosquitos transmiten los parásitos a los seres humanos y éstos a su vez los transmiten a los mosquitos. Los científicos que desarrollan pruebas para detectar el paludismo —causado por los parásitos transmitidos— están sufriendo reveses porque los parásitos están mutando. Algunos de los nuevos tipos de malaria ya no producen la proteína específica para la que están diseñadas las pruebas. Detener un brote depende de la detección de portadores asintomáticos que parecen totalmente sanos pero que pueden transmitir los parásitos a la población local de mosquitos.

En la reunión de 2018 de la Sociedad Americana de Medicina Tropical e Higiene, celebrada en Nueva Orleans, un grupo internacional de investigadores presentó hallazgos que antes se hubieran considerado absurdos. Un equipo de investigadores británicos que trabajaba en Gambia examinó a cientos de estudiantes en busca de parásitos de malaria y les dio a todos un par de calcetines para que los usaran durante la noche. A continuación, el equipo recogió los calcetines y los clasificó en función de los niños infectados, luego los envió de vuelta a Londres y los mantuvo en un congelador durante varios meses.

Los investigadores mezclaron los calcetines de los niños que tenían malaria con los que no la tenían. Mostraron los calcetines a los perros de Medical Detection Dogs, que olfatearon cada muestra. Si un perro creía detectar malaria, se quedaba quieto sobre el calcetín. Si no, seguía adelante. Los perros identificaron correctamente 70% de los calcetines que correspondían a niños infectados, e incluso fueron capaces de detectar a niños infectados con un número de parásitos inferior al requerido para cumplir las normas de las pruebas de diagnóstico rápido establecidas por la OMS.

Estos perros no van a sustituir los análisis de sangre habituales, pero representó un gran avance la prueba de que emitimos una señal química detectable cuando estamos infectados por la malaria, y presumiblemente, por otros agentes infecciosos. En cuanto a cómo sucede, Lindsay postula que los distintos compuestos emitidos pueden deberse a alteraciones de la microbiota de la piel. También señala que incluso la sangre infectada en una caja de Petri en un laboratorio emite señales químicas diferentes que antes de ser infectada con el parásito.

Con el tiempo, cree que los perros podrían ser un vehículo formal para diagnosticar a las personas que no muestran ningún síntoma de malaria, pero que siguen siendo infecciosas, aunque, según Lindsay, los investigadores se ven limitados por la aversión de algunas personas a los perros. También hay consideraciones culturales críticas, como que la saliva de los perros se considera "sucia" en muchas culturas musulmanas, posiblemente debido a la transmisión histórica de la rabia. De hecho, la saliva de los perros, al igual que la de los humanos y la de otros animales, está cargada de microbios que ayudan a los perros a digerir la comida y a mantener una microbiota bucal sana que protege sus dientes, y que también puede entrar fácilmente en el torrente sanguíneo de cualquier persona a la que decidan morder. Esto hace que morder sea un ataque especialmente peligroso; incluso si la única lesión inicial son unas pequeñas heridas punzantes, una persona puede morir en pocos días sin antibióticos. Las mordeduras de animales se toman muy en serio en las salas de urgencias de todo el mundo. Como dice Lindsay, uno no quiere ser la persona blanca que entra en una aldea africana con un perro y espera que la gente esté agradecida.

Una idea más prometedora es que estos perros podrían ubicarse en los puntos de entrada a los países en los que la malaria está a punto de ser erradicada. Podrían estar en los aeropuertos, en las terminales de los barcos y en las estaciones de tren y detectar a las personas portadoras de parásitos de malaria en algunos lugares, como el archipiélago de Zanzíbar, donde los esfuerzos por eliminar esta enfermedad se ven obstaculizados por el constante flujo de visitantes que llegan desde el continente.

El objetivo a más largo plazo de los diagnósticos basados en el olor sería dejar que los perros vivan su vida y encontrar la forma de utilizar "narices electrónicas", o "e-narices", como las llama la gente que considera que pierde demasiado tiempo diciendo "narices electrónicas". De hecho, los prototipos existentes no se parecen en nada a las narices; se asemejan más a las tarjetas de crédito, lo que hace que el nombre sea especialmente extraño porque no es creíble que una "nariz" se utilice para detectar el cáncer o la malaria. Pero mi mente está en modo de comercialización de productos y me estoy adelantando. Antes de que estos productos puedan comercializarse o venderse a los médicos (o directamente a los pacientes), los científicos deben averiguar qué es exactamente lo que detectan los perros.

No sólo cambia la química de nuestra piel, sino también nuestro aliento, que obtiene la mayor parte de su olor de los microbios de nuestra boca y garganta. Cuando el parásito de la malaria nos invade, altera de alguna manera los compuestos que los humanos exhalamos de forma natural (o que se desprenden de otra manera). En la reunión de medicina tropical e higiene de 2017, bioingenieros de la Universidad de Washington en San Luis informaron acerca del descubrimiento de que las personas con malaria exhalan una "huella de aliento" distintiva, y la utilizaron para desarrollar una prueba de aliento que detectó 83% de los casos de malaria en un estudio preliminar, que utilizaron para diagnosticar a los niños de Malawi.

Los bioingenieros informaron que habían descubierto que la infección de la malaria estaba asociada a niveles anormales de seis compuestos diferentes que normalmente son detectables en el aliento humano. Esto parece indicar que el parásito no sólo cambia un proceso metabólico característico, sino que desequilibra todo el sistema.

También encontraron algo inesperado en el aliento de los niños con el parásito: dos tipos de compuestos conocidos como terpenos, que suelen estar relacionados con los fuertes olores que exudan plantas como los pinos y otras coníferas. Se sabe que uno de los terpenos lo producen plantas que atraen a los mosquitos para que se alimenten de su néctar. Los investigadores creen que, en una brillante jugada estratégica, el parásito puede estar "pirateando" la atracción preexistente de los mosquitos por el olor para animarlos a picar a los humanos infectados, extrayendo así a los parásitos y facilitando la propagación de la enfermedad.

"El terpeno es probablemente un mecanismo de supervivencia del parásito", dijo en esa ocasión Audrey Odom John, profesora de la Facultad de Medicina de la Universidad de Washington. También sugirió que el compuesto "podría ser útil para ponderar la eficacia de las trampas para mosquitos".

Si los compuestos que emitimos, basados en los microbios que llevamos, pueden atraer a los mosquitos, las implicaciones van más allá de la malaria. Nuestras señales químicas podrían incluso ayudar a responder a la antigua pregunta de por qué algunas personas pueden sentarse alrededor de una fogata y ser comidas vivas, mientras que otras apenas son molestadas. Es necesario mejorar el enfoque actual que consiste en embadurnarnos y embadurnar el césped con productos químicos tóxicos. Algunos investigadores creen que la respuesta está en los microbios de nuestro piel y en la boca, sin necesidad de matarlos, pero enmascarando los compuestos específicos que desprenden y que los mosquitos detectan.

Los investigadores de la Universidad de Texas A&M, por ejemplo, descubrieron que la modificación del *Staphylococcus epidermidis* en la piel de las personas puede ponernos en una especie de modo sigiloso para que los mosquitos no puedan encontrarnos. Esto se consiguió mediante un complejo proceso de modificación de las señales químicas que emiten las bacterias. Al menos como una prueba del concepto, este modo de pensar podría transformar la industria de los repelentes de insectos. En palabras del entomólogo Jeffery Tomberlin: "Podríamos modificar los mensajes que se liberan y que indicarían a un mosquito que no somos un buen huésped, en lugar de desarrollar productos químicos que puedan ser perjudiciales para las bacterias de nuestra piel, o para la propia piel".

Si gran parte de lo que hemos aprendido sobre la evolución humana dicta claramente que somos una especie social —que dependemos de los demás para sobrevivir, y que nuestros defectos individuales pueden ser a menudo útiles en el contexto de una comunidad, donde una diversidad de habilidades y activos es realmente mejor que tener a todo el mundo con una puntuación perfecta en los exámenes de ingreso a la universidad y nadie que sepa arreglar un escusado—, ¿por qué evolucionaríamos para *oler mal*? ¿Para repeler activamente a los demás, para expulsarlos de la habitación? ¿Incluso cuando no estamos enfermos?

El argumento en contra de la capacidad de alcanzar un estado estacionario sin olores es que las bacterias productoras de olores están ahí porque desempeñan alguna función útil en nuestra existencia. No evolucionamos para oler, sino que evolucionamos en armonía con los microbios que cumplen una función para nosotros y que, por desgracia, a veces producen malos olores.

Consideremos cómo explica los pies Rob Dunn, profesor de ecología aplicada de la Universidad Estatal de Carolina del Norte y coautor del estudio sobre los ácaros de la piel. Como humano con una nariz funcional, está de acuerdo en que el olor de los pies puede ser una de las cosas más repelentes de un cuerpo. El hedor sería evolutivamente indefendible, a no ser que viniera acompañado de algún beneficio esotérico de supervivencia, como si en algún momento hubiéramos utilizado nuestros pies malolientes como armas contra los enemigos. No he encontrado ningún registro histórico de esto. Así que Dunn me instó a abordar con mirada crítica la cuestión de por qué huelen los pies.

En otros animales, el olor de los pies parece servir directamente a un propósito. Los abejorros, por ejemplo, emiten olores de sus patas que son únicos para cada abeja. Estos olores marcan sus huellas para que sus cohortes puedan seguir las huellas apestosas, guiándolas unas a otras, o al alimento.

Si el olor de los pies humanos no tiene un propósito tan apetitoso o prosocial, las bacterias que producen el olor pueden ser comunes porque cumplen alguna otra función útil. Una posibilidad, señala Dunn, tiene que ver con el hecho de que el ser humano caminaba descalzo hasta hace muy poco tiempo, por lo que era susceptible de sufrir cortes y rozaduras en los pies que podían infectarse. Antes de los antibióticos, este tipo de infecciones menores solían ser mortales. Aunque las infecciones por hongos, como el pie de atleta, suelen ser molestias poco peligrosas, una cortada en la piel puede hacer que los hongos entren en el torrente sanguíneo y causen estragos. Así que podría ser evolutivamente adaptativo albergar especies inocuas en los pies que podrían ayudar a prevenir una infección.

Incluso se sabe que algunas bacterias producen compuestos que tienen propiedades antifúngicas. Una especie que se encuentra habitualmente en nuestros pies, el *Bacillus subtilis*, genera compuestos que son letales para los hongos que suelen causar infecciones en los pies, como el pie de atleta o los hongos en las uñas.

Por desgracia, el *B. subtilis* también huele fatal. Dunn ha descubierto que gran parte del característico olor a "queso" de los pies apestosos se debe a un compuesto llamado ácido isoflávico, que se produce cuando el *B. subtilis* metaboliza el aminoácido leucina de nuestro sudor. En comparación con el resto del cuerpo, el sudor que sale de nuestros pies tiene niveles especialmente altos de leucina. El autor sostiene que esto podría ser el resultado de la coevolución entre nosotros y las bacterias de nuestra piel.

Este ejemplo concreto sigue siendo hipotético, pero la idea básica es que los compuestos como la leucina no salen de nuestros pies sin desempeñar algún papel en ellos, y que los *B. subtilis* tampoco están ahí sólo para molestarnos y avergonzarnos.

Nuestros pies pueden haber evolucionado para producir mucho sudor, que contiene leucina, para alimentar a las bacterias específicas que matan los hongos, reduciendo el riesgo de infección de los pies. Así pues, aunque los pies con olor a rancio pueden suponer un impedimento para encontrar una pareja sexual, las personas afectadas también se veían favorecidas en la reproducción con respecto a las que morían de un shock séptico por un hongo en los pies.

Este modelo de nuestra piel, sus secreciones y sus microbios como un ecosistema simbiótico plantea la cuestión de cuánto deberíamos lavarnos. En la teoría de Dunn, cualquier cosa que hagamos para que las bacterias con capacidades metabólicas útiles similares a las de *B. subtilis* sean menos abundantes (como lo hacemos con la limpieza) podría aumentar nuestro riesgo de infecciones fúngicas. Las microbiotas anormales de los pies podrían incluso ayudar a explicar por qué esas infecciones fúngicas son tan comunes hoy en día. Al mismo tiempo, nadie quiere oler mal. Así que la cuestión es cómo lograr el equilibrio adecuado.

Como ocurre con cualquier función de nuestro cuerpo, el efecto del olfato no es una situación binaria, en la que tenemos "olor corporal" o no lo tenemos. Lo más probable es que tengamos olores que se presentan en varias escalas en diversas situaciones, y a través de los cuales podemos expresarnos de una manera no menos compleja que lo que hacemos con la entonación de nuestra voz o los sutiles gestos de nuestro rostro. Muchas personas me dicen que creen que su pareja huele bien, refiriéndose a los olores estables de esa persona que las normas sociales no nos permiten experimentar con la mayoría de las personas.

Al enterarme de todo esto, sentí curiosidad por saber qué significan estos compuestos transportados por el aire (y sus olores): qué podríamos estar ganando al tener un olor humano y qué podríamos estar perdiendo al eliminarlo. ¿Y si todos los jabones, colonias y perfumes que usamos, por muy "naturales" que digan ser, también están cambiando y enmascarando señales que sirven para algo? Los cientos de sutiles señales químicas volátiles que emitimos pueden desempeñar un papel en la comunicación con otras personas (y otras especies) en formas que apenas estamos empezando a comprender.

La química entre las personas no es sólo romántica, y no se limita a señalar la salud y la enfermedad. La presencia física tiene algo que no se puede reproducir en las pantallas ni en los textos.

Según las innumerables portadas de las revistas y los libros y artículos académicos, la sensación de estar aislado y desconectado es algo que define nuestra época. De la misma manera que las cafeterías nos atraen, incluso cuando nos sentamos frente a nuestras computadoras portátiles y soportamos la mala música y no le hacemos caso a nadie —excepto cuando le pedimos a un extraño que le eche un ojito a nuestras cosas mientras vamos al baño—, hay algo, inclusive en los breves intercambios y en la presencia física de los demás, que parece sostenernos. Esto podría deberse, en parte, a las sustancias químicas que todos desprendemos.

Ben de Lacy Costello ha estudiado los volátiles que se encuentran en las heces, la orina y la saliva humanas, para que tú no tengas que hacerlo. Explica que se ha demostrado que el estrés y la ansiedad tienen efectos claros sobre las sustancias químicas que emitimos. (Esto podría ser un factor de confusión importante si se fabrica un dispositivo de detección de enfermedades. *Advertencia: no lo uses si estás ansioso. Esto puede producir un resultado falso positivo, que sólo hará que te sientas más ansioso, y podría desencadenar un círculo vicioso de estrés que podría matarte. Oh, genial. Ahora te preocupa el estrés, ¿no? Olvídate de lo que dije.*)

Conocí el trabajo de Costello en 2016, cuando lo entrevisté para un artículo que escribí sobre las emociones contagiosas. La historia se inspiró en un estudio reciente de científicos del clima que se habían propuesto entender si el aliento humano, que, después de todo, está enriquecido en dióxido de carbono, contribuía al cambio climático. El investigador principal, Jonathan Williams, es un químico atmosférico del Instituto Max Planck de Química de Alemania. Cuando Williams estudia los efectos climáticos de las emisiones gaseosas de plantas y animales utiliza máquinas finamente calibradas que detectan los cambios más mínimos. Así que su equipo llevó estos sensores a uno de los entornos más volátiles del mundo: un estadio europeo de futbol.

Sorprendentemente, la cantidad de dióxido de carbono que los científicos detectaron era intrascendente, pero, al estilo científico, en los sensores apareció algo mucho más interesante. Cuando Williams me lo contó en una entrevista para el reportaje, de inmediato le pregunté si se trataba de vida extraterrestre. Dijo que no, pero que otras señales químicas extrañas parecían provenir de los humanos. Iban y venían, en varios momentos del partido. Mientras Williams se sentaba y observaba las lecturas fluctuantes de los sensores de aire, se le ocurrió que podrían estar relacionadas con las emociones.

En el transcurso de un partido de futbol, el público pasa por etapas de euforia y enfado, alegría y tristeza. Así que Williams empezó a preguntarse, como me dijo: ¿La gente "emite gases en función de sus emociones"? ¿Quizá para comunicarse entre sí? ¿Y con otras especies? Si lo hacemos, no sería algo sin precedentes. Las plantas emiten constantemente volátiles, desde el olor que desprende un ramo de rosas hasta señales mucho más sutiles. Se sabe que las plantas liberan sustancias químicas después de haber sido "atacadas" por un animal que intenta comérselas. Conocidos como "volátiles de plantas inducidos por herbívoros" los científicos pensaron que estas sustancias servían para advertir a las plantas adyacentes de la presencia de depredadores en la zona.

Más recientemente los investigadores han aprendido que las señales que emiten las plantas entre sí son innumerables, comunicando tanto amenazas como recursos, y se superponen en una "red infoquímica" ambiental. Las funciones van mucho más allá de los ejemplos de libro de texto como flores que atraen a las abejas. Incluso los árboles emiten compuestos para transmitir información sobre su identidad. Si se arrancan algunas hojas de un árbol, por ejemplo, éste emitirá señales químicas.

El efecto de enraizamiento al entrar en un bosque puede deberse, en parte, al cambio de aire que llega a nuestras vías respiratorias y a nuestra piel. El aire que describimos como "fresco" puede ser algo más que una limpieza de contaminantes del aire responsables de siete millones de muertes prematuras cada año; puede estar cargado también de señales químicas procedentes de plantas y animales. El aire fresco no sólo significa la ausencia de cosas malas, sino también la presencia de cosas buenas. Esto podría explicar en parte los efectos sobre la salud que los investigadores han asociado con estar al aire libre.

La idea de las "feromonas" transportadas por el aire —sustancias químicas que influyen específicamente en los comportamientos de apareamiento— suele destacarse porque se considera como seudociencia. El concepto se ha distorsionado en los intentos de vender la atracción humana en una lata de aerosol. Un sitio de reseñas en línea de productos con feromonas describe un aerosol llamado Pherazone para hombres como "el mejor para atraer a las mujeres", mientras que otro denominado Nexus Pheromones es "el mejor para conseguir sexo". Luego, por supuesto, está TRUE Alpha, que es "el mejor para la confianza y el respeto". (Porque cuando quieres que alguien confíe en ti y te respete, lo mejor es engañar su cerebro con sustancias químicas.)

Aunque no he probado personalmente estos productos, no hay ningún compuesto que haga que los ojos de cualquier persona se conviertan en corazones a lo Bugs Bunny. Pero el concepto básico de atracción química está respaldado por la existencia del volatiloma. Los perros y la mayoría de las especies del reino animal pueden detectar algunas señales químicas cuando una hembra está ovulando a cientos de metros de distancia, y es probable que los humanos no estén exentos de la práctica de emitir sustancias químicas que se corresponden con los cambios hormonales. Aunque la mayoría de las señales químicas volátiles parecen ser imperceptibles para nuestras relativamente humildes narices, nuestra mezcla general de emisiones gaseosas claramente atrae más a otros humanos —en contextos sexuales y de otro tipo— más allá de si olemos súper rico o apestamos.

Costello cree que el número de sustancias químicas en el volatiloma es probablemente de decenas de miles. Las señales entre individuos podrían implicar billones de permutaciones, lo que explicaría la sutil individualidad de los olores en nuestras axilas y en nuestro aliento, y en cualquier otra parte del cuerpo. Independientemente de que estos brebajes del aire puedan reproducirse y embotellarse para inducir el amor, lo que está claro es que los compuestos que emitimos no son casuales. Esto es, al menos, un motivo para cuestionar la conveniencia de reprimirlos.

Mientras escribía este libro pasé dos semanas trabajando en una clínica de adicciones en Connecticut, atendiendo a pacientes bajo la dirección de especialistas en adicciones reales. El campo relativamente nuevo de la medicina de la adicción se centra ahora en gran medida en la dependencia de los opioides, intentando tratar los efectos catastróficos de lo que a menudo comenzó como tratamientos médicos. La mayoría de las veces veía a pacientes que se encontraban entre su primera y su centésima oportunidad de estar —la palabra que todos usan— "limpios".

La palabra en este contexto me parece más adecuada que en cualquier otro lugar donde la escuche. En la clínica de la adicción, la palabra *limpio* engloba todos sus significados, desde la eliminación de contaminantes tóxicos hasta la búsqueda de la pureza espiritual. El objetivo del tratamiento de la adicción no es simplemente dejar de consumir una sustancia, sino construir activamente una nueva vida sin ella. Esto requiere un trabajo intensivo y constante y una atención vigilante. A muchas personas les ayuda ver el proceso como un renacimiento, una oportunidad de volver a concebirse por completo y de empezar de nuevo.

En el centro financiado por el gobierno en el que trabajé, en un estado especialmente afectado por la epidemia de opioides, casi no había ventanas y la actividad principal era sentarse tranquilamente en una sala con una pequeña televisión que no veía mucha gente. La mayoría de los residentes estaban allí por orden judicial, arrestados por cargos menores relacionados con el suministro de estupefacientes o la obtención de fondos para adquirirlos.

El tiempo de rehabilitación puede ser intensamente aburrido. Pero el verdadero desafío es mantenerse limpio después de salir del centro. Si vuelves al mismo entorno social, con las mismas personas que han fomentado tu adicción antes, las probabilidades de recaer son casi de cien por ciento. Si no se tiene un plan concreto sobre a dónde ir y qué hacer en lugar de consumir, la recaída está prácticamente garantizada.

Estar "limpio" en este sentido requiere lo contrario del aislamiento o la construcción de barreras; precisa de abrirse a nuevas exposiciones. Esto significa sobre todo nuevas personas: construir relaciones profundas, significativas y honestas. Aquí es donde el programa financiado por el gobierno tuvo que recurrir a personas por su cuenta. Los programas como Narcóticos Anónimos están disponibles para proporcionar un sentido de comunidad continuo y tutoría, y tienden a obtener buenos resultados para algunas personas, pero requieren una honestidad y compromiso radical que el recableado del cerebro a lo largo de los años ha intentado evitar.

Durante el resto de su vida, incluso décadas después de dejar de fumar, aunque nunca toquen ni un solo cigarro, muchas personas seguirán entendiéndose como *adictas*, y esta comprensión guiará la continuidad de su abstinencia. Muchos adictos me dijeron que la desintoxicación sólo funciona cuando esta nueva identidad forma parte de un nuevo enfoque de vida, repoblado con nuevas personas, aficiones y hábitos.

La ciencia del comportamiento es clara: *dejar* cualquier hábito es difícil y a menudo es un esfuerzo fallido. La motivación se extrae efectivamente de la motivación para *empezar* a hacer o ser otra cosa. Al igual que con el enfoque antimicrobiano de la higiene de la piel, no es suficiente eliminar cosas. Pensar en la *limpieza* como una tarea monástica, solitaria y dolorosa de eliminación y privación es insostenible. Verlo como un proceso de aceptación del cambio y de creación de relaciones es un camino mucho más eficaz.

Justin McMillen considera que este concepto es prometedor para hacer frente a muchas epidemias de salud modernas. McMillen es un atleta de cara y hombros cuadrados, de cabello y barba recortados, que creció "en un ambiente de leñador" y que puede bucear 20 metros con una sola respiración. Cuando era un joven carpintero en Los Ángeles empezó a consumir heroína. Durante el colapso del mercado inmobiliario en 2008 perdió casi todo lo que tenía, y vivía en un garaje cuando tocó fondo.

A través de años de competencia deportiva, McMillen había descubierto que su cuerpo podía ser llevado al extremo. El desafío y el dolor hicieron que la vida cotidiana, trabajando como carpintero y viviendo en un cómodo departamento, parecieran aburridos. Ésta era la estabilidad que durante mucho tiempo había pensado que quería. Pero cuando no estaba forzando su mente y su cuerpo, sentía que necesitaba incitarlos de otras maneras, ingiriendo o inyectando cualquier cosa que pudiera estimular ese círculo de dopamina que ansiaba.

Llegó a conceptualizar la adicción como algo que reconfigura el córtex prefrontal, modificando las estructuras de recompensa; se basó en parte en el trabajo del neurólogo Dan Siegel, cofundador del Centro de Investigación de la Conciencia Plena de la UCLA. El trabajo de Siegel destaca la importancia del córtex prefrontal en la conexión interpersonal. "Cuando el córtex prefrontal se desregula es más difícil conectar", explica McMillen. El aislamiento hace que la mente esté más desesperada por la estimulación. "Es un círculo vicioso."

Cuando McMillen empezó a recuperarse de su propia adicción, observó que el aislamiento parecía ser especialmente llamativo entre los hombres. En Portland, Oregón, puso en marcha un pequeño programa de adicción para hombres llamado Tree House Recovery, sustentado en enseñarles a conectarse. Se basa en gran medida en el contacto físico. Un "director de empoderamiento físico" trabaja junto con un director clínico más tradicional que supervisa los ejercicios destinados a crear confianza y conexión entre los participantes, para crear escenarios en los que las personas deben depender y apoyarse mutuamente.

SI NUESTRA PIEL HABLARA

Aunque los residentes viven en una casa que se parece a cualquier otra en el mar de bungalows artesanales de Portland, el programa se considera un centro de hospitalización parcial y está cubierto por muchas formas por el seguro médico. Al promoverlo, McMillen se ha convertido en uno de los escasos defensores públicos del contacto físico entre los hombres, pregonando beneficios para la salud como "la disminución de la presión arterial, el fortalecimiento del sistema inmunitario, la mejora de la memoria, la reducción del dolor, etc.". Cuando demuestra esta práctica en segmentos de noticias locales con hombres presentadores y reporteros, el nivel de incomodidad varía de moderado a alto. McMillen subraya que el contacto puede ser tan simple como una palmadita en la espalda; no espera que los hombres empiecen a agarrarse de la mano con los recién conocidos.

"Salir por la puerta y decir: 'Ey, todo el mundo tiene que abrazarse', probablemente no habría funcionado", me dice. El término *conmovedor* suele considerarse peyorativo en el ámbito de la recuperación. Por eso McMillen ha descubierto, tras años de ensayo y error, que la clave del contacto platónico real es conseguir que la gente decida hacerlo por sí misma sin pensarlo mucho, lo que suele ocurrir como consecuencia de hacerlo primero en algún marco familiar.

Dado que estas normas parecen desvanecerse en la competición atlética, especialmente en la lucha libre o el boxeo, los deportes son una forma de enseñar a los hombres que tocar a otros hombres es bueno y está bien. Pero, por supuesto, McMillen no haría que los hombres de su programa se golpearan entre sí. Así que desarrolló lo que llama "terapia de inducción basada en la acción", que se parece a las artes marciales mixtas, pero el objetivo es que los hombres experimenten el contacto platónico. "No se trata en absoluto de una situación en la que se golpeen unos a otros", me aseguró, mientras mi mente se trasladaba a un escenario tipo *Club de la pelea* para hombres que buscan aprender a sentir de nuevo.

"Podemos desarrollar la confianza a través de movimientos en espejo, promover el contacto físico de una manera que sea cómoda porque es lo suficientemente 'masculina' —dice—. Después de la clase ves a los chicos colgados unos de otros, las ideas sociales de los límites desaparecen."

Parte de la razón por la que saludamos con apretones de manos y abrazos es el conocimiento universal de que romper las barreras físicas hace que otras barreras sean más permeables. Lo experimenté mientras informaba sobre un reciente "festival del bienestar" en Palm Springs, donde una proporción notablemente alta de asistentes se identificaba como adictos. En una sesión nos pidieron que nos pusiéramos en dos filas frente a frente, con las caras separadas sólo unos 10 centímetros. Nos dijeron que no rompiéramos nunca el contacto visual y que habláramos de nuestras fuentes de ansiedad más graves. Y al principio fue tan incómodo como parece, pero hubo algo en la proximidad física y en la alineación que abrió la llave de la manguera. En un minuto hablé tanto con un desconocido como lo habría hecho en una hora de conversación con un amigo, y con un amigo probablemente dejaría que mis ojos se desviaran, cruzaría los brazos y haría todo tipo de cosas subconscientes que los psicólogos me dirían que en realidad se trata de bloquear la conexión.

Los beneficios para la salud del tacto en sí mismo —el contacto platónico desprovisto de cualquier tipo de relación— están bien documentados. En 2019 entrevisté a una pionera en la investigación, Tiffany Field, una psicóloga del desarrollo que fundó el Instituto de Investigación del Tacto de la Facultad de Medicina de la Universidad de Miami. Field ha pasado décadas intentando que la gente se toque más. Sus esfuerzos comenzaron con los bebés prematuros, cuando descubrió que el contacto humano básico les hacía ganar peso rápidamente. La media de días de estancia en el hospital era menor y las facturas médicas se reducían en 3 000 dólares.

Esto llevó a documentar los efectos de la "privación del tacto" en los niños: se ha descubierto que conduce a un deterioro físico y cognitivo permanente, y a un retraimiento social más adelante en la vida. Field ha publicado resultados similares sobre los beneficios del tacto en mujeres embarazadas, adultos con dolor crónico y personas en residencias de ancianos. No se sabe que el tacto físico haga crecer a los adultos, pero tan sólo 15 minutos diarios parecen tener innumerables beneficios.

En un estudio más reciente que ha sido noticia sobre la ayuda de los abrazos al sistema inmunitario, unos investigadores dirigidos por el psicólogo Sheldon Cohen, de la Universidad Carnegie Mellon, aislaron a 400 personas en un hotel y las expusieron a un virus de la gripe. Las personas que tenían interacciones sociales de apoyo presentaban menos síntomas y menos graves. Los investigadores concluyeron que el contacto físico (en concreto, los abrazos) parecía ser responsable de un tercio de ese efecto. El mecanismo es desconocido, y las conjeturas suelen centrarse vagamente en que los receptores del tacto hacen que el cerebro libere endorfinas y otras sustancias químicas que refuerzan el sistema inmunitario. Una hipótesis igualmente convincente podría ser que las personas que se tocan comparten microbios, y que esto es responsable, al menos en parte, de cualquier efecto.

Tal vez me guste esta idea porque explica en parte algo que he experimentado. Al igual que muchos trabajos, ser escritor hoy en día suele significar una gran cantidad de comunicación digital: pasar días enteros enviando correos electrónicos e interactuando en Twitter y escribiendo mensajes de texto y hablando con la gente en las pantallas. La aflicción moderna más extendida es que estamos procesando imágenes y lenguaje de forma que simula una conexión casi constante, y sin embargo podemos sentirnos más solos que si pasáramos el día con una sola persona real. El contacto y el intercambio de química seguramente no pueden explicar ese efecto por sí mismos.

Pero tanto si los beneficios del contacto físico provienen de la sensación del tacto como de las señales químicas que los animales envían al aire o de los microbios que compartimos cuando estamos cerca de otros, haríamos bien en considerar nuestro cuerpo como parte de una comunidad: más fuertes juntos de lo que pueden serlo estando solos.

8

Probióticos

Más allá de algunas manzanas de casas adosadas y tapiadas en Baltimore, el horizonte se llena repentinamente de carros de comida que venden bebidas de colágeno y de hordas de influencers vestidos con ropa deportiva que llegan al palacio de congresos de la ciudad. Durante cuatro días se transformará en la principal conferencia comercial sobre bienestar del mundo: la Natural Products Expo (Exposición Anual de Productos Naturales). Si los escaparates y los retiros y festivales de bienestar son para los consumidores, aquí es donde los minoristas y distribuidores van a abastecer sus catálogos para la siguiente temporada de tendencias de bienestar.

Al igual que en la Indie Beauty Expo, los vendedores de la Natural Products Expo están vinculados por un término que no tiene un significado acordado. Las marcas tipo boutique que venden sal marina del Himalaya y pasta de dientes de carbón vegetal ocupan stands junto a los grandes minoristas de leche de avena y colágeno en polvo. LaCroix

tiene un stand enorme, al igual que el proveedor de macarrones con queso *Annie's*, un ejemplo de triunfo del marketing, en el que una empresa pudo tomar un producto de
hace 50 años (macarrones con queso de Kraft), reenvasarlo
con ingredientes ligeramente diferentes y venderlo a padres
preocupados por el doble de precio porque estaba etiquetado como "natural". Dr. Bronner también está presente, ofre-
ciendo un nuevo desinfectante compuesto por alcohol, agua,
glicerina y menta. En el frasco se lee "99.9% de efectividad
contra los gérmenes". Parece que mis ideas sobre abrazar
los microbios de la piel no inspiraron a David a romper el
molde. Había pensado que estábamos conectando. ¿Alguna
vez conoces realmente a alguien?

La primera vez que asistí a la Natural Products Expo fue
hace cuatro años, y el cambio desde entonces es espectacular. La presencia de productos probióticos para la piel, además de para el intestino, la boca y la vagina, representa una
categoría que antes apenas existía. Ahora está surgiendo un
mercado en torno a un concepto que pone en entredicho el
principio central de la revolución higiénica: la idea de que
añadir bacterias al cuerpo puede prevenir o revertir todo tipo
de enfermedades.

En un puesto de una empresa llamada Just Thrive, un
hombre se cierne sobre mí agarrando un bote de pastillas.
Lleva una playera de Billy Anderson fajada en los jeans. Es
un vendedor de productos farmacéuticos retirado que se ha
convertido en ejecutivo, con el porte de un antiguo jugador
de beisbol universitario, que es lo que era. Ya es tarde y parece que está haciendo las cosas bien mientras comienza su
discurso de venta: "Estos bichos solían encontrarse en abundancia en el medio ambiente, en la tierra en la que vivíamos,
en los alimentos que comíamos, en el agua que bebíamos
—me dice—. Pero como cultivamos la misma tierra una y

otra vez, y nuestro suelo se despojó de microbios debido a los pesticidas, herbicidas y antibióticos".

Aquí se adentra en un terreno desconocido, insinuando que sus píldoras podrían tratar, entre otras cosas, el autismo. "Los padres llevarán a sus hijos al médico —continúa—, y el médico dirá: 'Santo cielo, esto es increíble. ¿Qué has hecho? Los resultados son… ¡vaya! Esto se ve de maravilla'. Los padres responderán: 'Le di Just Thrive'."

Anderson y su esposa, Tina, que también trabajaba en la industria farmacéutica, dejaron sus trabajos y, según el sitio web de su empresa, "trataron de encontrar un probiótico que fuera el verdadero probiótico de la naturaleza". La etiqueta es una clase magistral de ventas de lo que algo no es: "no GMO, y hecho SIN [énfasis suyo] soya, lácteos, azúcar, sal, maíz, frutos secos o gluten". Como muchos productos de la exposición, es "vegano, paleo y *keto friendly*". Una botella pequeña se vende por 49.99 dólares (más 4.99 de envío).

Lo que no está tan claro es qué hace el producto. Visto en otros productos de la feria y en las estanterías de las tiendas, el término *probiótico* parece tratarse como un sinónimo de "bueno para ti". Las virtudes varían desde el tratamiento de síntomas neurológicos complejos hasta el bienestar general. Los expositores cercanos venden limpiadores domésticos probióticos y probióticos desodorantes. En otra parte de la exposición, en un cartel encima de la multitud se lee "EL VERDADERO PROBIÓTICO", y debajo, en letra rosa, "para mujeres". La etiqueta del producto dice que es un "probiótico vaginal" que "promueve la salud del tracto urinario".

Cuando le pido una muestra, la persona dice: "No, no —y aparta la cesta—. Tú quieres de los normales". Pero es demasiado lenta, y ya tengo mi paquete de muestra de dos pastillas de Jarro-Dophilus Women. Me las tomé sin reservas (no tuvieron ningún efecto notable), porque eran un probiótico *oral*. Independientemente de que una persona tenga una vagina, tragar bacterias no las envía a la vagina. La única forma en que las bacterias podrían viajar hipotéticamente desde el tracto gastrointestinal hasta el tracto urinario o el canal vaginal sería si llegaran a la sangre. Esto sería una emergencia médica.

Las bacterias de esta píldora eran todas *Lactobacillus*, que es la bacteria que se encuentra predominantemente en el yogur. Aunque es seguro que el yogur contiene bacterias vivas, este tipo de píldoras y otros probióticos son más variables. La mayoría de las bacterias no se conservan estables durante mucho tiempo, por lo que los productos probióticos suelen requerir refrigeración (Jarro-Dophilus Women no estaban refrigeradas). Puede ser difícil saber cuántas bacterias vivas están realmente presentes en cualquier suplemento probiótico, y mucho menos cuántas se abren paso a través de los ácidos del estómago y permanecen en el intestino. Las etiquetas de los suplementos dietéticos probióticos deben indicar la cantidad de bacterias viables contenidas en las píldoras o cápsulas, pero puede ser difícil señalarlo con exactitud ya que, a diferencia de la mayoría de los ingredientes de los alimentos y los medicamentos, este ingrediente está vivo.

De acuerdo con la FDA, por definición las bacterias deben estar vivas para que un producto pueda denominarse probiótico. La kombucha es un probiótico, por ejemplo: se pueden ver los microbios flotando en la parte superior, fermentando activamente los azúcares del té en alcohol. Esa capa superior se conoce como SCOBY (acrónimo de colonia simbiótica de bacterias y levaduras). Estos microbios siguen fermentando activamente los azúcares de la infusión incluso cuando está en el refrigerador, lo que significa que los niveles de alcohol en el producto final pueden variar mucho. Mantener la actividad microbiana constante de una botella a otra ha sido un reto para los fabricantes y los reguladores, y en ocasiones da lugar a lotes con una cantidad de alcohol muy superior a la prevista.

Otros productos con bacterias vivas plantean retos similares a los productores y usuarios. Los nuevos métodos de conservación, como la liofilización, son prometedores para conseguir un producto homogéneo, aunque las técnicas de conservación y suministro de microbios no están estandarizadas. Para complicar aún más las cosas, algunos productos que dicen ser "probióticos" en realidad incluyen "lisado bacteriano". Esto significa que las bacterias se han lisado, o calentado, matado y descompuesto.

No está claro cuáles pueden ser los efectos de la ingestión o aplicación de lisados, pero seguro es diferente a la utilización de un organismo vivo. Los investigadores me dicen que es hipotéticamente verosímil que estas partes de bacterias muertas puedan tener algún efecto sobre el sistema inmunitario. Después de todo, las partes muertas de los virus se utilizan en las vacunas para estimular el sistema inmunitario. Pero esperar que la introducción de partes lisadas de bacterias en la microbiota existente tenga efectos probióticos es tan creíble como esperar que el tocino pueble la granja de cerdos.

El término *probiótico* empezaba a aparecer también en la Indie Beauty Expo. La empresa LaFlore me ofreció un "limpiador probiótico" (42 dólares) y un "suero concentrado probiótico" (140 dólares). Los productos consisten casi por completo en aceites y extractos de hierbas, como los de los stands adyacentes, pero cerca de la mitad de la lista de ingredientes hay algo de lisado de *Lactococcus*, así como *Lactobacillus* fermentado. El efecto de estos ingredientes no está claro, ni en la literatura científica ni en mi posterior experimentación con el producto. Pero LaFlore no emite afirmaciones definitivas sobre lo que se supone que hacen esos elementos bacterianos por mi piel, y la propietaria fue muy amable y llevaba una bata blanca de laboratorio. Me dejó mezclar mi propio suero en un cuenco de cristal para mostrarme lo sencillos y naturales que son los ingredientes. Ver cómo se formaban los colores a medida que añadía los distintos polvos era fascinante. Me recordaba a cuando mezclaba pinturas de colores primarios en el kínder y veía cómo el rojo y el amarillo se convertían en naranja, lo que siempre parece un truco de magia. Alguien de la empresa estaba grabando esto, presumiblemente para Instagram.

Otra empresa presente en la Indie Beauty Expo, llamada BIOMILK Natural Probiotic Skincare, ofrece una "potente protección probiótica" en forma de "crema probiótica de día" y "crema probiótica de noche" que "protegen tu piel de las agresiones internas y externas". El envase muestra básicamente imágenes de leche, junto con otras de abejas y brócoli y algunos "superalimentos". El mensaje destaca por el sentido de fomentar el ecosistema microbiano en lugar de limpiarlo. La fundadora, Valerie Casagrande, trabajó anteriormente en ventas en Johnson and Johnson. Me contó que puso en marcha BIOMILK cuando se dio cuenta de que "los probióticos no son sólo una moda, como el agua de coco hace unos años. Esto realmente va a dar un giro a la industria".

Otras empresas utilizan el término *prebiótico*, es decir, un producto destinado a "alimentar" o fomentar el crecimiento de las poblaciones microbianas, aunque el producto no sea un microbio en sí mismo. Se trata de una afirmación aún más etérea, ya que nadie sabe exactamente qué productos podrían ayudar a alimentar el bioma de la piel de una persona (aparte de su propio sebo). Aunque muchas ideas son verosímiles. Hablé con Stacia Guzzo, fundadora de una marca de desodorantes llamada SmartyPits, que afirma que puede remodelar la microbiota de las axilas. Técnicamente todos los desodorantes lo hacen, pero la idea de comercializar productos en consecuencia —que remodelan las poblaciones bacterianas, en lugar de simplemente aniquilarlas— suena bien y se adelanta a su tiempo.

A pesar de todas las esperanzas y la energía que hay en el lugar, es poco probable que algún vendedor independiente ofrezca el producto que lleve los probióticos para la piel al conocimiento general. Para ello es necesario un cambio conceptual que, históricamente, se ha producido a través de enormes esfuerzos de marketing y publicidad, de los que sólo disponen las empresas multinacionales. Sin embargo, cuando la gran industria farmacéutica y las empresas de jabones decidan entrar en el espacio de los probióticos para la piel, estos productos podrían estar junto al jabón, el champú, el acondicionador, la loción y el desodorante en todos los estantes del baño.

Y resulta que la maquinaria ya está en marcha.

Culpo de mi "obsesión" por la microbiota de la piel a la persona que primero me hizo interesarme por los regímenes minimalistas: Julia Scott, una periodista científica afincada en la zona de la bahía. Scott había escrito una historia fascinante para *The New York Times* en 2014 sobre una empresa llamada AOBiome que vendía bacterias en una botella de spray para la piel. Esto realmente puso a la empresa en el mapa conceptual. Visité su departamento para hablar de la historia y encontré un baño que parecía extrañamente estéril. Sólo tenía un poco de jabón de uso ocasional y, por lo demás, ningún producto.

El año anterior, la prestigiosa microbióloga de la Universidad de Nueva York María Domínguez-Bello y sus colegas habían publicado los hallazgos de que la remota tribu yanomami de la Venezuela rural tenía la mayor diversidad microbiana jamás descubierta en los seres humanos. Al igual que el estudio sobre la alergia de los amish, este hallazgo reforzaba la idea de que el estilo de vida posterior a la Revolución industrial, que se había apartado de la naturaleza, había cambiado nuestros intestinos y nuestra piel.

La idea se comercializó rápidamente. El ingeniero químico del MIT David Whitlock, que afirma no haberse bañado en más de 15 años, creó, junto con sus socios, AOBiome, una empresa destinada a cambiar la forma de pensar sobre las bacterias de nuestro cuerpo. Sus productos se basan en un retorno a la naturaleza. El primer aerosol probiótico de AOBiome, que se vende sin receta médica como parte de una línea llamada Mother Dirt, estaba destinado a ayudar a la bacteria *Nitrosomonas eutropha* a recolonizar nuestra piel. El argumento es que estas bacterias oxidantes del amoniaco solían formar parte de nuestro microbiota cutáneo, donde ayudaban a descomponer los subproductos malolientes de otras reacciones bacterianas que causan el mal olor. Pero como secuela de todos los productos surfactantes que utilizamos para limpiar nuestra piel, y de nuestra separación física de la suciedad en la que llegan estas bacterias, las *Nitrosomonas* prácticamente han desaparecido.

La afirmación es que su restablecimiento en el cuerpo favorece la salud de la piel y reduce la aparición de patologías cutáneas como acné. "En dos semanas de uso, el AO+ Mist mejora la apariencia de los problemas de la piel, como la sensibilidad, las manchas, la aspereza, la grasa, la sequedad y el olor, sustituyendo las bacterias esenciales que se pierden debido a la higiene y el estilo de vida modernos", dice el marketing del producto estrella de Mother Dirt. Whitlock lo utiliza. Gracias a él, dice, no necesita bañarse. (Otros me insistieron en que, de hecho, sí lo necesita.)

Visité el laboratorio de AOBiome en San Francisco en 2015, mientras trabajaba en un reportaje para *The Atlantic*, y uno de sus científicos, Larry Weiss, me roció la bacteria en la cara. Primero me pidió permiso, pero aun así me sentí como si me hubieran estornudado. Al final no noté ningún cambio, ni para bien ni para mal. Pero me hizo pensar en la microbiota de la piel y en cómo debería cultivarla, o no estropearla con la aplicación aleatoria de cualquier producto de limpieza que tuviera porque me lo había contado un amigo o lo había escuchado en un podcast o porque era el más atractivo de la farmacia.

Cuando dejé de bañarme y empecé a trabajar en este libro, visité la sede de AOBiome en Cambridge, Massachusetts. AOBiome se describe a sí misma como una "empresa de microbiotas en fase clínica" centrada en "terapias para afecciones inflamatorias, trastornos del sistema nervioso central y otras enfermedades sistémicas". En su oficina me encuentro con el propio Whitlock. Le doy la mano y no me molesta, a pesar de que ha pasado casi dos décadas sin bañarse. Para un lugar que desarrolla productos bacterianos destinados a devolver nuestra piel a los tiempos premodernos, el ambiente es incongruente, con escritorios de pie y un ambiente laboral abierto y silencioso, y un pastel de cumpleaños a medio comer en la barra de la cocina común. Esto puede deberse a que en realidad se trata de una empresa farmacéutica. La empresa tiene actualmente seis programas en fase clínica, que incluyen pruebas de sprays bacterianos para tratar el acné, el eczema, la rosácea y la rinitis alérgica, así como programas en fase inicial dirigidos a trastornos intestinales y pulmonares. Su nuevo director general, Todd Krueger, procedía de un entorno empresarial. Tiene una maestría de la Universidad del Noroeste, pasó por Bain and Company y llegó a trabajar en el desarrollo estratégico comercial de productos genómicos. Krueger me enseña la incubadora tecnológica y almorzamos en el Café ArtScience, adyacente al MIT.

"Creo que la gente probablemente no va a dejar de bañarse —dice, comiendo papitas fritas y mirándome con un ligero recelo—, y no estamos defendiendo que nadie deje de bañarse. Creemos que bañarse con productos químicos probablemente no sea lo mejor solución. Cualquier cosa que contenga conservadores es probable que esté dañando alguna parte de tu microbiota."

¿Jabón?

"Bueno, el jabón también es malo. Los verdaderos jabones son realmente malos."

Éste era el argumento de venta, lector, pero quería escucharlo. "Hablando con toda franqueza, la mayoría de las bacterias que recibimos sale de la mierda animal", dice, no refiriéndose a su producto sino a los humanos en general. "Cuando naces, no sé si has estudiado esto, pero las bacterias que recibes de tu madre no provienen del canal de parto, sino de las bacterias que hay alrededor de su ano, básicamente."

Muchas especies son comunes a los biomas vaginales e intestinales, y no está claro el grado en que cada una de ellas contribuye a poblar un bebé. Pero se sabe que ambos cambian durante el embarazo, y está claro que sirven como una especie de inoculación justo al nacer. Por ejemplo, se ha comprobado que la presencia de estafilococos en la vagina de la madre está relacionada con la probabilidad de que los bebés tengan asma a los cinco años. La evacuación de los intestinos es habitual durante el parto vaginal. Los estudios han descubierto que los bebés que nacen por cesárea tienen una microbiota menos diversa que los que tuvieron un parto vaginal. Cuando las mujeres reciben antibióticos durante el embarazo, también es probable que los biomas de sus bebés sean menos diversos que si no se los administran. Las implicaciones prácticas de todo esto están por verse: por supuesto, las cesáreas son a veces intervenciones vitales que salvan vidas. Pero la forma adecuada de exponer al bebé a los microbios después de una cesárea aún está por estudiarse. Por el momento, muchos de los científicos con los que hablé están a favor de tomar muestras de los microbios vaginales de la madre y pasarlos por la piel del bebé.

Éste puede ser el enfoque más "natural" para poblar la microbiota de un niño. Pero a partir de ahí, la cuestión de cómo mantener una exposición saludable es en la que empresas como AOBiome ven una oportunidad. Como dice Krueger, "puedes declarar la guerra a tu microbiota durante el baño cada mañana, y luego volver a rociarlo".

Un nuevo producto higiénico de uso diario es el santo grial de esta industria, y los productos probióticos pueden llegar a serlo. Esto ayuda a explicar por qué la financiación de capital de riesgo se ha volcado en AOBiome y sus similares. Y un solo producto probiótico es poca cosa comparado con la gran visión de Krueger. "Sólo estamos rociando una bacteria; eso no significa que no deba haber miles y cientos de miles de bacterias rociadas —dice—. Sólo que aún no sé qué son todas esas cosas."

La principal barrera es que la gente no sabe que quiere o necesita rociarse con bacterias. Krueger me explica la diferencia entre demanda primaria y secundaria: la demanda primaria es cuando decides que necesitas un coche. La demanda secundaria es cuando estás convencido de que debes comprar un Ford. Generar una demanda primaria requiere un cambio de paradigma, y eso parece ser lo que ha impedido que el mercado de los probióticos para la piel se dispare. Cuando el paradigma cambia —una vez que la gente se interesa en cultivar los microbios de la piel en lugar de limpiarlos— es mucho menos difícil conseguir que la gente elija tu producto entre varias opciones. Eso sólo significa inundar sus *feeds* con el nombre de tu marca.

Este cambio está en marcha. Pocos meses después de que me reuniera con Krueger, *Bloomberg* informó que AOBiome había concedido la licencia de su línea de productos de consumo a una sociedad instrumental de S. C. Johnson & Son Inc., el gigante de los artículos domésticos que vende productos de limpieza, desde Windex hasta el jabón de manos Mrs. Meyers, Unilever y Clorox Company también han invertido en marcas de probióticos, una dirección trascendental para los imperios basados en la eliminación de gérmenes.

La creciente comprensión de la microbiota empieza incluso a influir en la comercialización de líneas de productos de larga duración. En otoño de 2019 Dove lanzó una campaña en su sitio web con consejos para "cuidar la microbiota de la piel del bebé". Insta a los padres a preservar la microbiota que "ayuda a mantener sana la piel del bebé protegiéndola de las bacterias dañinas y generando nutrientes, encimas y lípidos importantes para el funcionamiento de la piel del bebé". Se insta a los padres a lavar a su bebé con Baby Dove Tip to Toe Wash porque contiene "humedad prebiótica".

El producto es, como muchos otros jabones para bebés, principalmente agua y glicerina. La afirmación de que es "prebiótico" se basa en la idea de que cualquier lavado que elimine menos aceites de la piel que otros jabones será mínimamente perjudicial para la microbiota. Se trata de una cuerda floja para vender jabón y al mismo tiempo dar a entender que el jabón es malo. Al igual que en la venta de todas las fórmulas suaves y que no se secan, las empresas están un paso más cerca de no vender nada en absoluto. Pero si lo consiguen, Dove y otras marcas de jabón gigantescas podrán sobrevivir. Dependiendo de la fuerza y del momento en que se produzca el giro de antibacteriano a probacteriano, se ganarán y perderán fortunas.

Con tanto en juego, no pude evitar la sensación de que lo que empezó como un artículo divertido sobre el baño se había convertido de alguna manera en una investigación sobre el futuro de las industrias multimillonarias. Algunas de las investigaciones más vanguardistas proceden de personas que reciben financiamiento o que trabajan directamente para empresas que desarrollan productos para vender. Hay pocos expertos con los que se pueda hablar que no tengan dinero en el juego del cuidado de la piel.

La sede de los Institutos Nacionales de Salud es como un campus para científicos y médicos, una colección de laboratorios a través de onduladas y verdes colinas, rodeando un hospital de renombre mundial donde se resuelven los misterios médicos más complejos del mundo.

Es uno de los pocos días agradablemente templados y no húmedos que hay en Bethesda, Maryland, y estoy aquí para conocer a la mujer cuyo trabajo fue el primero en cartografiar la microbiota de la piel, Julie Segre. En un artículo publicado en 2012 Segre consideraba que la microbiota era "nuestro segundo genoma", y llamaba la atención sobre el hecho de que los microbios que hay en nosotros y sobre nosotros son "una fuente de diversidad genética, un modificador de enfermedades, un componente esencial de la inmunidad y una entidad funcional que influye en el metabolismo y modula las interacciones de los medicamentos".

Mientras que muchos investigadores se han centrado en la microbiota intestinal, ella cree que los microbios de la piel no han recibido suficiente atención.

Me enseña el campus y me acompaña al lugar donde se realiza la mayor parte de la investigación sobre la piel. Aquí hay más seguridad porque las instalaciones albergan primates no humanos, que a veces intentan liberarse. En su despacho, con vistas a todo, saca un colorido mapa de la microbiota de la piel. Parece un mapa de chakras o meridianos de acupuntura. Compuesto por Segre y su colaboradora, Elizabeth Grice, la representación de la microbiota de la piel es como un mapa del mundo de hace varios cientos de años, con las mejores estimaciones basadas en conocimientos limitados. Compara la situación actual con el hecho de haber descubierto un nuevo órgano y estar empezando a comprenderlo. Los anatomistas saben desde la antigüedad que tenemos hígado, por ejemplo, pero aún no entienden todo sobre su funcionamiento (otro edificio está dedicado a ello). Pero, explica, el mapa microbiano es un buen punto de partida.

Hay unos 1 000 millones de bacterias por centímetro cuadrado de piel. En total hay billones, entre al menos unos cientos de especies diferentes. Varían en función del tipo de entorno cutáneo que tenemos, que se divide en tres categorías convencionales: grasa, húmeda y seca. Los lugares grasos son la frente y el pecho; los húmedos son las axilas y los pliegues de los codos, las rodillas y la ingle ("pliegue inguinal"); los secos son el antebrazo. La microbiota en el pliegue de mi codo izquierdo, por ejemplo, es más similar al bioma en el pliegue de mi codo derecho que al de mi antebrazo izquierdo.

Se trata de entornos salinos y sudorosos que albergan los mismos microbios de forma fiable, incluso cuando se limpian. Es ese entorno el que hace que estas regiones estén sujetas a bacterias productoras de olores que simplemente no colonizan el antebrazo o el estómago, y que, como resultado, exigen menos o ningún lavado.

Lo que tenemos en nuestros pliegues húmedos —término de Julie, no mío— es totalmente diferente de lo que tenemos en el pecho. La mayor biomasa bacteriana en la superficie de la piel se encuentra en la axila, donde las colonias se mantienen directamente gracias a los recursos alimenticios proporcionados principalmente por las glándulas apocrinas. Pero, en general, la piel no proporciona muchos nutrientes. "No es como el intestino, donde hay alimento constante para las bacterias", explica Segre.

Los géneros bacterianos más comunes en nuestra piel son *Staphylococcus*, *Corynebacterium*, *Propionibacterium*, *Micrococcus*, *Brevibacterium* y *Streptococcus*. En el mapa que Julie muestra, los lugares grasos tienen una gran cantidad de *Propionibacterium acnes*, que se correlaciona con el lugar donde se produce el acné —de ahí el nombre—, aunque la relación causal no está clara en el mejor de los casos. El eczema tiende a aparecer en los pliegues de flexión, como la curva del codo y detrás de las rodillas. Los brotes suelen correlacionarse con el aumento de estafilococos.

"Estas enfermedades están claramente relacionadas con un desequilibrio microbiano", explica Segre. Después de décadas de intentar atribuir estas enfermedades a una especie invasora —una infección en el sentido tradicional que podría erradicarse con antibióticos— resulta que el verdadero problema es un desequilibrio. Sólo recientemente hemos podido entenderlo porque no se disponía de la tecnología necesaria para secuenciar el ADN de todos estos microbios.

Segre pertenece a la primera generación de científicos nativos de esta capacidad, ya que se formó en el Centro

Whitehead / MIT para la Investigación del Genoma. Se metió en este campo porque, me dice, "me gusta mucho organizar grandes conjuntos de datos", y eso es la genómica. Una vez que el mundo de los microbios en la piel comenzó a hacerse evidente, la piel simplemente produjo un montón de conjuntos de datos. Se introdujo en la biología de la piel durante su investigación posdoctoral en la Universidad de Chicago con Elaine Fuchs, que ganó la Medalla Nacional de la Ciencia en 2008 por su trabajo sobre las células madre de la piel. La investigación de Fuchs continuaba el trabajo de su propio asesor posdoctoral en el MIT, Howard Green, que había descubierto cómo cultivar piel humana en 1975. Al tomar una pequeña biopsia de dos milímetros y aislar las células madre de la piel —las que nos permiten reemplazar las células de la piel que constantemente desprendemos y exfoliamos— los investigadores pueden cultivarlas para hacer crecer todas las capas de la piel.

Cultivar láminas de la propia piel de una persona en un laboratorio no es un ejercicio meramente académico. Resulta prometedor para el tratamiento de las lesiones por quemaduras en las que se necesita un trasplante de piel, ya que el uso del propio tejido de una persona reduce drásticamente las probabilidades de rechazo por parte del sistema inmunitario. La piel cultivada en el laboratorio también podría ser un modelo ideal para probar los efectos de los productos y medicamentos para la piel, así como los microbios. El laboratorio de Segre ya realiza algunas pruebas de este tipo. Su equipo obtiene la mayor parte de sus células madre a través de piel donada de circuncisiones, dice, pero la gente también dona piel después de varias cirugías de reducción. (Es posible comprar células madre de piel humana en línea; una empresa llamada ProtoCell, por ejemplo, vende un frasco de 500 000 fibroblastos de prepucio por 489 dólares, pero su utilidad es nula si no se sabe cómo hacerlas crecer en la piel.)

Segre sí sabe, y utilizando esta piel cultivada en laboratorio e impresa en 3D, su equipo puede añadir jardines microbianos y estudiar sus funciones. Su equipo probará combinaciones hipotéticas en lo que ella llama "competiciones de microbios", para ver cómo interactúan las distintas especies entre sí y con la piel. Dado el número de microbios y la variabilidad de la piel, éste es el tipo de competición que implicaría millones de rondas. También es muy caro. Financiar a personas que realmente quieren entender los ecosistemas, y que no buscan entender sólo lo suficiente para vender un producto, es una gran inversión. Mientras revisa las imágenes de su computadora, Julie me muestra una foto de ella con el presidente Obama y Jack Gilbert y otros científicos. Obama los invitó a la Casa Blanca hace unos años porque quería aprender sobre la microbiota. Es un recordatorio de la importancia de la inversión gubernamental en la ciencia. Sin ese tipo de compromiso público, yo también obtendría toda mi información para este libro de las industrias y de los trabajos financiados por la industria.

Por muy emocionante que sea la microbiota de la piel para ella, Segre está desconcertada y casi paternalmente a la defensiva por no haber captado aún la atención del público. "No entiendo exactamente por qué la gente tiene una idea tan diferente de los microbios que viven en su intestino que de los que viven en su piel —dice—. Todo el mundo quiere comer yogur Activia y colonizarse de bacterias, y luego quiere usar gel antibacterial."

La promesa que ve en este momento no está en los probióticos (que, técnicamente, son los propios microbios), sino en los prebióticos, los diversos productos que "alimentan nuestros jardines microbianos". Los microbios normales y beneficiosos ya están ahí, en la mayoría de las personas; probablemente no necesitamos añadirlos, sino fomentarlos. Muchas de las personas con las que he hablado que utilizan probióticos los consideran la antítesis de los antibióticos. Pero el reverso de un antibiótico es realmente el prebiótico: un antibiótico suprime algo que está en la comunidad microbiana, y un prebiótico fomenta algo en la comunidad. Un probiótico es un concepto totalmente diferente, ya que viene con un organismo externo que tal vez no sea nativo del huésped.

Comprender, probar y vender prebióticos puede ser más directo. Muchas cosas que ya están en el mercado, como los mencionados desodorantes a base de arcilla, probablemente funcionan como prebióticos. Otro ejemplo que ya está en el mercado son las ceramidas. Se trata de moléculas lipídicas que se encuentran de forma natural en nuestra piel, como parte de la función de barrera y lubricación, y que se venden cada vez más en productos para el cuidado de la piel. Es posible que sirvan como una especie de alimento para los microbios y, a su vez, éstos pueden indicar a la piel que produzca más ceramidas. Al menos, ambas afirmaciones se hacen ya en los productos. Más investigaciones podrían ayudarnos a entender exactamente qué hacen estos compuestos a las poblaciones microbianas de nuestra piel, y quién se beneficia de ponerlos en un lugar aún incierto.

"Todos los ingredientes que entran en estas cremas son algo que creo que podrían ser prebióticos —dice Segre—. Sería interesante saber si un determinado microbio utiliza realmente esto como fuente de carbono, como un nutriente que necesita para crecer. Creo que la gente está haciendo estos experimentos por sí misma. Dicen: 'Me gusta esta crema. No me gusta aquella'."

Le hago la pregunta obligada sobre su higiene personal, y me dice que siempre anima a todo el mundo a lavarse las manos con agua y jabón, y a no dar por sentado su valor. El valor de esta práctica aumenta sobre todo durante los brotes, como la gripe o el cólera, cuando el lavado puede salvar una vida. "Por otro lado, probablemente estemos usando en exceso —sin duda— jabones antibacterianos, y potencialmente rompiendo la barrera de la piel al resecarnos cuando usamos tanto jabón, contribuyendo a ese proceso inflamatorio del eczema."

La mayoría de los niños con eczema dejan de padecerlo al llegar a la edad adulta. Pero, dice Segre, "si sólo piensas en ello como 'bueno, tus hijos pueden ser pasarla mal, pero se les pasará', ¿qué tal si te digo que [el eczema] va a afectar a la vida de tu hijo durante toda su vida? Entonces, espero que te sientas motivado de verdad". Aquí se refiere a la marcha atópica, en la que aparecen juntas las alergias alimentarias, el eczema y otras sensibilidades inmunitarias.

Detener o revertir esta situación es el objetivo final. Maximizar la exposición a los microbios, especialmente en las primeras etapas de la vida, ha demostrado ser prometedor como prevención. La exposición a los microbios de la piel sí afecta las alergias: un estudio de 2017 realizado por Tiffany Scharschmidt en la Universidad de California en San Francisco, demostró que los ratones que fueron expuestos a ciertas cepas de *Staphylococcus epidermidis* en la primera semana de vida tenían células T reguladoras que eran capaces de reconocerla más tarde cuando se les volvía a exponer a la misma bacteria. Si el ratón no había sido expuesto antes, la bacteria comenzaba una respuesta alérgica.

Al igual que el entrenamiento del sistema inmunitario para reconocer los cacahuates, los primeros años de vida parecen ser cruciales. Aunque el sistema inmunitario es maleable —y puede verse influido por las exposiciones microbianas a lo largo de la vida—, al principio es como el cemento recién vertido. Después, recogemos microbios y los perdemos, pero la base sigue siendo la misma. Cambiar de forma permanente la microbiota básica de la piel de un adulto parece mucho más difícil. Segre describe el proceso: en primer lugar, habría que dejarlo lo más libre de gérmenes posible, bañándolo en un agente llamado clorhexidina, como se hace en las UCI de los hospitales cuando un paciente está extremadamente enfermo y tiene un sistema inmunitario que no puede combatir ni siquiera las bacterias más simples que causan enfermedades, y luego, a partir de allí, trasplantar una microbiota.

Esto se ha hecho con éxito con los microbiotas intestinales. Aunque la microbiota de la piel incluye menos microbios, la naturaleza de la fisiología de la piel, y el hecho de que tiene técnicamente varios biomas diferentes en varias zonas del cuerpo, crea nuevos retos. La inmunóloga Susan Wong, del Departamento de Salud del Estado de Nueva York, ha estudiado los efectos del proceso descrito por Segre: como la microbiota viene de lo profundo de los poros, incluso ese tratamiento tan drástico sólo tendrá un efecto transitorio en la piel. Una vez que una persona se recupera y sale del hospital, su piel tiende a repoblarse con la microbiota que se estableció en la infancia y la niñez temprana.

Esto hace que sea poco probable que los aerosoles bacterianos sean formas eficaces de tratar a las personas en etapas posteriores de la vida, aunque hay potencial en edades tempranas. Aunque, dice Segre, "hay preguntas que debemos responder antes de estar listos para poner un microbio vivo en un niño". En el caso de los productos farmacéuticos, no es difícil calcular el tiempo que tarda un medicamento en pasar por el organismo. Esto hace que la dosificación y los efectos secundarios sean algo predecible. También está garantizado que en algún momento tu cuerpo eliminará la droga. "Con un organismo vivo, ni siquiera está garantizado que tu cuerpo lo elimine."

Otros están dispuestos a probar las posibilidades. En 2018 los titulares desvelaron el primer uso exitoso de un tratamiento probiótico para el eczema, que durante mucho tiempo se pensó que se debía a una superpoblación de *Staphylococcus aureus*. De hecho, las proteínas inflamatorias procedentes de esta bacteria parecen causar el infame picor que desencadena un brote y que se exacerba con el posterior rascado. En lugar de intentar erradicar esa bacteria, los investigadores del Instituto Nacional de Alergia y Enfermedades Infecciosas rociaron a los pacientes con una bacteria diferente. Después de aplicar la *Roseomonas mucosa* en los codos dos veces por semana durante seis semanas, la mayoría de los pacientes experimentó una mejora de los síntomas: menos enrojecimiento y comezón, según el investigador principal, Ian Myles. Algunas personas afirmaron necesitar menos esteroides tópicos incluso después de la finalización de esta "bacterioterapia". El equipo de Myles repitió el experimento con niños y obtuvo los mismos resultados, además de una disminución de la cantidad de *Staph. aureus* en la piel.

"Al aplicar bacterias de una fuente saludable a la piel de las personas con dermatitis atópica, nuestro objetivo es alterar la microbiota de la piel de forma que se alivien los síntomas y se libere a las personas de la carga de un tratamiento constante", dijo Myles en su momento. Añadió que si los futuros estudios clínicos demuestran que la estrategia es eficaz, los cambios duraderos en la microbiota podrían evitar la necesidad de aplicar productos a diario.

Aunque alterar la microbiota de la piel es un nuevo enfoque conceptual, también es probable que lo hayamos estado haciendo indirectamente durante mucho tiempo. Una vez que una persona tiene eczema, los tratamientos estándar actuales son los antibióticos, los esteroides y los emolientes (hidratantes, cremas o lociones que imitan los aceites secretados normalmente por la piel). Segre cree que los emolientes pueden funcionar no simplemente restaurando la barrera de la piel, sino alimentando a otros microbios y promoviendo el crecimiento de, por ejemplo, *Roseomonas* o *Corynebacterium*, que de alguna manera no estaban recibiendo suficientes recursos y estaban siendo superados por el estafilococo. Pero los tratamientos mencionados tardan en funcionar, si es que lo hacen. Muchas personas tienen que aplicarlos varias veces al día.

Cuando se rompe el ciclo de brotes, esteroides y antibióticos es ahí donde, hipotéticamente, hay lugar para un probiótico, algo que repueble la piel de forma activa e inmediata. Esto se ha probado con trasplantes locales de la propia piel del niño sin brotes. El reto es comprender la comunidad microbiana específica y los cambios asociados con el eczema.

¿Podríamos saber cuándo un niño va a tener un brote potencial e iniciar el tratamiento con antelación? En un escenario ideal, podrías analizar regularmente tu piel para predecir estos brotes debilitantes antes de que se produzcan y se inicie un círculo vicioso.

Richard Gallo, de la Universidad de California en San Diego, también ha trasplantado parcialmente microbiotas de la piel de un niño de una parte sana a otra con éxito moderado. En un artículo publicado en febrero de 2017 en *Science Translational Medicine*, su equipo informó del aislamiento y cultivo de "bacterias buenas" —*Staph. hominis* y *Staph. epidermidis*— que producen péptidos antimicrobianos para defenderse del *Staph. aureus*. Los investigadores aislaron los compuestos, los formularon en una crema para la piel y los aplicaron (o "trasplantaron") en el antebrazo de personas con eczema, y observaron una mejora de los síntomas.

"Descubrimos que las personas sanas tienen muchas bacterias que producen péptidos antimicrobianos no descubiertos anteriormente, pero cuando se observa la piel de las personas con dermatitis atópica, sus bacterias no hacen lo mismo", dijo Gallo en su momento. Según su interpretación, a pesar de todo el trabajo realizado en el desarrollo de antibióticos, las sustancias químicas producidas por las bacterias normales de la piel pueden ser la mejor herramienta para combatir un desequilibrio de los microbios de la piel. El investigador principal del proyecto en el laboratorio de Gallo, Teruaki Nakatsuji, calificó este trasplante de "antibiótico natural" y sugirió que sería una forma de evitar matar bacterias inocentes y contribuir al uso excesivo de antibióticos y a la resistencia.

Uno de los "antibióticos naturales" que parecen ayudar a moderar el crecimiento de *Staph. aureus* durante los brotes de eczema es, simplemente, la luz solar. Investigadores noruegos descubrieron que cuando las personas se exponían regularmente a los rayos uv-b durante cuatro semanas, las colonias de estafilococos volvían a la normalidad.

Además de todas las formas en que los microbios de la piel podrían informar sobre nuevos tratamientos, o simplemente explicar cómo funcionan los antiguos, Segre cree que su uso más prometedor puede ser como herramienta de predicción. Cada persona responde a una cosa diferente, y puede ser difícil predecir qué funcionará para quién. En todos los foros en los que se habla maravillas de un producto para el cuidado de la piel también hay personas que juran que es una pérdida de tiempo y dinero.

El tratamiento de las afecciones de la piel puede ser muchas veces frustrante y en ocasiones lesivo en la serie de ensayos y errores. En los próximos años los dermatólogos podrían secuenciar la microbiota de la piel de una persona y diferenciarla de su microbiota durante un brote de eczema. Incluso si el eczema no es una sola enfermedad, sería una forma de ver exactamente lo que está causando los brotes en el caso de esa persona en particular. Entonces sería posible utilizar enfoques más específicos para que vuelvan a su estado normal. A veces eso podría implicar un probiótico o prebiótico en lugar de un antibiótico.

Mientras tanto, científicos como Segre centran sus limitados recursos en amenazas urgentes para la humanidad. En lo más alto de su mente está un "superhongo" letal que su departamento se ha esforzado por comprender. Nadie sabía de su existencia hasta hace una década, pero ahora se ha convertido en una de las principales preocupaciones de los Centros para el Control y la Prevención de Enfermedades. Se llama *Candida auris*, y tiene a Segre "cautivada".

En 2009 los investigadores informaron sobre el descubrimiento de una nueva cepa de hongo en el canal auditivo de un paciente en Japón. Unos años más tarde, el hongo se relacionó con misteriosos casos de infecciones del torrente sanguíneo en hospitales de la India, y en poco tiempo aparecieron más cepas de *Candida auris* en todo el mundo. La *Candida auris* coloniza la piel humana y puede llegar al torrente sanguíneo cuando una enfermera inserta una aguja por vía intravenosa. Ahora está apareciendo en los centros de enfermería especializada y en los hospitales de cuidados intensivos de larga duración. *Candida auris* se detectó por primera vez en Estados Unidos en 2013, y en abril de 2019 un importante artículo de *The New York Times* informó que desde entonces se habían confirmado al menos 587 casos en el país. En octubre del mismo año el total había alcanzado más de 900. Las nuevas cepas se denominan superhongos porque son resistentes a los medicamentos antifúngicos utilizados para tratarlos.

Todos los microbiólogos con los que hablé coincidieron en que el uso excesivo de antibióticos es probablemente un factor que contribuye en mayor medida a estropear nuestras microbiotas —intestinal y cutánea— que la propia higiene. Es posible que no hagamos mucho por cambiar nuestros biomas bañándonos menos, pero si superamos conceptualmente la idea de que los microbios son malos, podríamos consumir menos y utilizar menos productos antimicrobianos que, de hecho, crean "superbacterias" microbianas que amenazan toda la vida no microbiana de la Tierra. Nuestra concepción de la limpieza es, en otras palabras, desmesurada.

Segre cree que, en general, es estupendo que el público empiece a apegarse a la idea de que "eres un superorganismo", que todos estos microbios viven dentro y sobre ti y que los debes tener en cuenta en cada decisión que tomes sobre lo que consumes y lo que te aplicas. En 2013, cuando los investigadores publicaron un artículo en el *New England Journal of Medicine* sobre los trasplantes fecales como una cura prometedora para la enfermedad intestinal *Clostridium difficile*, a menudo mortal, muchos de los que leyeron la noticia expresaron su disgusto o indignación por el hecho de que esto se estuviera probando. Parecía tan contrario a la ética sanitaria de la medicina que incluso algunos médicos se mostraron despectivos.

Ahora, mientras los probióticos llenan las estanterías y los refrigeradores, los trasplantes fecales se están convirtiendo rápidamente en parte de la práctica clínica. Aunque esta práctica aún está en pañales y queda mucho por comprobar (incluidos algunos efectos inesperados, como que personas que han sido delgadas u obesas toda su vida ganen o pierdan peso de repente, como si el nuevo bioma hubiera alterado sus puntos de referencia metabólicos básicos), algunos pacientes han visto resultados que les han salvado la vida. Le comenté a Segre que es fascinante que el sistema sanitario estadounidense sea la séptima economía del mundo y que uno de los avances más interesantes de los últimos años haya sido introducir las heces de otras personas en nuestro cuerpo.

"De todos modos —le digo, mientras ambos miramos al horizonte—, es hora de que te vayas."

"Sí, se está haciendo tarde."

Baja conmigo en el elevador y le digo al guardia de seguridad que no tengo ninguno de sus monos. A modo de despedida, le pregunto si sabe de alguien que esté haciendo un trabajo interesante en el desarrollo de productos microbianos para la piel, sin alboroto. Segre me sugiere que hable con Julia Oh. Así que salgo del campus de los NIH y me dirijo al norte, donde la ciencia básica financiada por el Estado se traduce en beneficios para las empresas.

En el Laboratorio Jackson de Medicina Genómica de Farmington, Connecticut, Julia Oh está haciendo realidad los probióticos para la piel.

Oh estudió quimiogenómica de hongos en Harvard y luego fue a Stanford para estudiar la genómica de la levadura del vino antes de centrar su atención en los microbios de la piel. El vino es importante para las personas, afirma, pero la piel lo es aún más. Y está segura de que la microbiota de la piel desempeña "un papel activo e íntimo en la formación de la salud de la piel".

El reto consiste en averiguar cómo interactúan nuestros microbios con las células de la piel. En 2017 Oh recibió el premio New Innovator Award, que ascendió a 2 800 000 dólares, por parte de los NIH (destinado a apoyar a "investigadores excepcionalmente creativos que inician su carrera y proponen proyectos innovadores de gran impacto") para estudiar cómo desarrollar tratamientos probióticos de ingeniería para una serie de enfermedades cutáneas e infecciosas. Es un indicador de que los principales agentes de la investigación de la piel creen que la próxima generación de productos implicará el aprovechamiento y la manipulación de los poderes de los microbios de nuestra piel, así como de los que ya no están o no están todavía.

La premisa de su beca es comprender mejor cómo se integran las cepas probióticas en una comunidad microbiana existente. Su laboratorio también utiliza modelos experimentales y computacionales para entender cómo se forma la microbiota de la piel, su resistencia a las perturbaciones y los factores que determinan la capacidad de los microbios extraños para competir e integrarse en un ecosistema. A mí me parece el equivalente en cuidado de la piel a aterrizar en Marte, pero ella se muestra decidida.

Ella considera que los probióticos pueden cambiar la forma en que tratamos las enfermedades de la piel: moldeando el medio inmunológico de la mejor manera para erradicar las infecciones de la piel o las enfermedades cutáneas, o reduciendo la inflamación innecesaria.

El reto de añadir microbios para afinar y modular el sistema inmunitario es conseguir que determinados microbios se queden. En un experimento, el equipo de Oh roció a los ratones con microbios tres veces a la semana durante 20 semanas, y al final los nuevos microbios sólo constituían 2% de los biomas de la piel de los ratones. Esto indicó a los investigadores que, al menos en el caso de estos microbios, existen fuerzas innatas que hacen que la microbiota de la piel sea más o menos resistente a aceptarlos. Algunas cepas colonizan un ratón, pero a otro no. ¿Es simplemente una cuestión de espacio? ¿Los microbios del folículo piloso impiden básicamente la colonización de cualquier otro ("asiento ocupado") porque el ecosistema ya está al máximo de su capacidad? ¿Es una cuestión de recursos limitados? ¿Los microbios son rechazados por una respuesta inmunitaria?

Para cambiar la microbiota de la piel de una persona de forma predecible y segura hay que entender cómo funcionan todas estas fuerzas. Ciertos microbios, como los estafilococos, pueden secretar moléculas que impiden la colonización por otros microbios. Otros pueden desencadenar el sistema inmunológico de la piel de forma que dificulte la vida de sus colegas. Y otros microbios se dedican a absorber los aceites de la piel y a segregar ácidos para reducir el pH de la piel. Todo esto quiere decir que incluso la adición de un microbio aparentemente inerte a la mezcla puede desestabilizar las cosas de manera inesperada.

Mientras se exploran estas interacciones, Oh y sus colegas están avanzando con otro enfoque: en lugar de intentar cambiar las poblaciones, pueden utilizar los microbios que ya están en nosotros para ayudar a suministrar medicamentos a nuestra piel. Los investigadores piensan en los microbios como un chasis para diferentes agentes terapéuticos que podrían alterar nuestras respuestas inmunitarias.

Eso empieza por estudiar qué microbios pueden activar qué tipos de células inmunitarias. Oh está catalogando las interacciones conocidas entre los microbios de la piel y el sistema inmunitario de la misma. La idea es que este catálogo pueda compararse con el mapa microbiano y genético de cualquier individuo y, en teoría, pueda utilizarse para identificar la causa de los síntomas que experimenta.

Oh también ha desarrollado herramientas de edición genética basadas en tecnología CRISPR* para ayudar a ave-

---

* Las CRISPR, acrónimo en inglés de Clustered Regularly Interspaced Short Palindromic Repeats, o repeticiones palindrómicas cortas agrupadas y regu-

riguar no sólo qué bacterias están haciendo qué, sino qué características de esa bacteria son realmente responsables de cambiar el sistema inmunitario. Oh ha colaborado con el bioquímico, convertido en capitalista de riesgo, Travis Whitfill para aplicar esta idea al tratamiento de las enfermedades de la piel. Whitfill es cofundador de Azitra, una empresa de biotecnología por la que entró en la lista de *Forbes* de los 30 menores de 30 años en 2018 tras recaudar cuatro millones de dólares "para tratar de aprovechar las bacterias benignas que viven en la piel con el fin de tratar las enfermedades cutáneas". A finales de 2019 la empresa había recaudado más de 20 millones de dólares.

El objetivo de Azitra es convertir las bacterias en los traficantes de drogas más pequeños del mundo. Al utilizar la *Staph. epidermidis*, una especie que vive en la mayor parte de la piel (y, por tanto, podría transferirse fácilmente a un paciente), Oh y otros investigadores han podido modificar genéticamente la bacteria para que segregue varios compuestos inmunomoduladores o, como los llama Whitfill, "activos" que segregan "proteínas terapéuticamente relevantes". Su esperanza es que estas bacterias puedan ayudar a tratar diversas enfermedades de la piel y sus síntomas. Azitra está probando ahora si estas proteínas tienen el efecto deseado en la vida real, y cómo hacer llegar las dosis adecuadas a las personas. Whitfill cree que el potencial más prometedor de este trabajo es el tratamiento de enfermedades genéticas raras de la piel en las que falta una determinada proteína. Las opciones de tratamiento actuales suelen implicar la aplicación de una crema varias veces al día o la toma de una píldora que puede tener efectos en otros órganos del cuerpo. En

larmente espaciadas es una herramienta con la que se consiguen cambios específicos en los genomas. (*N. de la T.*)

comparación, poblar la piel con microbios secretores de fármacos podría suministrar un flujo constante de tratamiento.

Por ejemplo, los bebés con síndrome de Netherton tienen una piel quebradiza, escamosa y especialmente porosa. Ésta puede perder líquido, poniendo al niño en riesgo de deshidratación, y es propensa a ser invadida por microbios que pueden causar infecciones del torrente sanguíneo potencialmente mortales. Las personas que sobreviven hasta la edad adulta siguen teniendo brotes a lo largo de su vida, a veces desencadenados por el estrés. La mayoría también padece enfermedades relacionadas con el sistema inmunitario, como alergias alimentarias, rinitis alérgica y asma. Toda la cadena parece comenzar con una enzima hiperactiva que provoca la descomposición de la piel. En el laboratorio, esta enzima puede ser bloqueada por una proteína llamada LEKTI. En 2019 Oh y sus colegas anunciaron que fueron capaces de hacer una cepa de *Staph. epidermidis* que secreta LEKTI. En teoría, la introducción de esta bacteria en la piel de los pacientes ayudaría a sus síntomas. Esto se está probando actualmente en un ensayo clínico.

Otra de las cepas bacterianas patentadas por Azitra está destinada a ayudar a tratar el eczema. Al dotar a la bacteria de un gen para fabricar la proteína filagrina, que une los filamentos de queratina, podría ayudar a sellar la piel del mundo exterior. En ausencia de filagrina, la rotura de la piel deja pasar los antígenos que provocan la inflamación. Minimizar las pequeñas roturas que se asocian a los brotes de eczema podría, hipotéticamente, ayudar a detener o prevenir esos imprevisibles episodios de picor y enrojecimiento extremos.

La idea de vender a las personas bacterias modificadas genéticamente para que se las pongan ellas mismas puede no parecer inmediatamente ideal como argumento de venta.

Es contraria a la mayoría de las ideas de limpieza a lo largo de la historia. Pero Whitfill cree que la gente se verá obligada a reconceptualizar su piel en la medida en que este tipo de tratamientos se vuelvan más comunes. Aunque las terapias que está desarrollando Azitra se probarían y regularían como medicamentos de venta con receta, la empresa anunció a principios de 2020 una asociación con Bayer para crear productos cosméticos y de cuidado personal que contengan *Staph. epidermidis* no modificados genéticamente. Estos productos podrían salir al mercado mucho más rápido, ya que no tienen que pasar por los rigurosos procesos de prueba que tienen los medicamentos. Simplemente, no podrían afirmar que tratan o curan una enfermedad. "No puedes decir en la etiqueta que cura el eczema —me explicó Whitfill—, pero puedes decir cosas como 'para pieles propensas al eczema'."

Aunque estos productos pueden o no ayudar a las personas con eczema, el marketing dará a entender que sí lo hacen. Combinado con una base de consumidores enorme y ávida de soluciones, el escenario está preparado para un importante mercado de probióticos para la piel, además de las personas que usan cepas muy similares como medicamentos recetados. Whitfill describió el concepto básico en una entrevista de 2018 en un podcast de marketing dirigido a inversionistas biofarmacéuticos, y hubo un momento en el que los signos de dólar presumiblemente brillaron en los ojos del anfitrión mientras asociaba las ideas: "Esto te abre otros mercados como el de los cosméticos y los artículos de belleza, donde los costos son diferentes a los de producir un producto farmacéutico".

"Exactamente. No es tan barato como hacer yogur, pero no está muy lejos —respondió Whitfill—. Hay muchos juegos potenciales ahí con la salud del consumidor y los productos de venta libre, cosas así." Gracias a la nueva vía de la FDA, denominada "productos bioterapéuticos vivos", este tipo de bacterias podría comercializarse casi directamente. "La gente está empezando a tomar conciencia de la microbiota, y muchos productos de consumo no son compatibles con la microbiota —continuó Whitfill—. Esto sería diferente, ya que es compatible con el bioma de forma natural y segura, y restaura el equilibrio de la microbiota. Al hacer un estudio de mercado, estamos seguros de que los consumidores querrán este producto."

Aunque la mayoría de las personas con las que he hablado no está muy entusiasmada con la idea de empaparse de bacterias, apelar a la sensación de que un producto es "natural" o que "restablecerá el equilibrio" sería un enfoque probado y comprobado para llevar estos productos a lo que hoy es tendencia. Por supuesto, un producto que la gente quiere comprar no es necesariamente lo mismo que uno que funciona y es seguro y beneficioso para las personas. Además, los efectos de estos productos pueden variar mucho de una persona a otra. Cada uno de nosotros tiene una piel única con un microbiota único y un sistema inmunológico calibrado de forma única, resultado de las interacciones acumuladas entre nuestros microbios, nuestras exposiciones y predisposiciones genéticas. El hecho de poblar a una persona con bacterias vivas que pueden reproducirse y prosperar, o morir, hace que sea mucho más difícil garantizar la estandarización de la dosis.

Si se tiene en cuenta toda la variabilidad entre las personas y la dificultad de poblar la piel con nuevos microbios durante un periodo significativo, la premisa optimista parece radicalmente complicada en primera instancia. Al tratar de entender qué se puede hacer en realidad para ayudar a cualquier persona en la actualidad, a medida que se desarrollan estos tratamientos teóricos, me siento atraído por la hipótesis de la biodiversidad. Aplicar microbios de la piel genéticamente mejorados después de la aparición de los síntomas es un enfoque, pero otro es tratar de desarrollar biomas sanos en primer lugar. Al parecer, la forma de optimizar el sistema inmunitario, probado a lo largo del tiempo, es a través de las exposiciones tempranas de la vida, que fueron comunes y diversas. Como concluye la propia Oh, "si los biomas de la piel están enfermos, necesitamos objetivos terapéuticos. Pero si ya tienes una microbiota cutánea sana, es más una filosofía basada en no hacer daño".

Renueva

Una noche de 2008, en la cama de un hotel, un vendedor corporativo llamado Shawn Seipler contemplaba el sinsentido de la existencia.

Le preocupaba no estar haciendo algo productivo para el mundo, organizando asociaciones con la industria tecnológica. Empezó a considerar el despilfarro de su agenda de viajes. No sólo la huella de carbono de volar por todo el país y permanecer en un hotel diferente muchas noches al año, sino los pequeños detalles. Llamó a la recepción del hotel y preguntó qué hacían con todo el *jabón* que se dejaba.

Como era de esperar, el conserje dijo que lo tiraban. Seipler pensó en la magnitud de ese desperdicio, multiplicado por el número de visitas a hoteles sólo en Estados Unidos, y calculó que cada día desechamos colectivamente unos cinco millones de pastillas de jabón.

Esto no le ayudó a conciliar el sueño.

Los operadores hoteleros estadounidenses adoptaron el concepto europeo de ofrecer jabón a los huéspedes a principios de la década de 1970, cuando las cadenas hoteleras, cada vez más preocupadas por el presupuesto, luchaban por distinguirse de la competencia sin tener que realizar una inversión significativa. Una pastilla de jabón en el baño o un caramelo de menta en la almohada te hacían sentir atendido, aunque el entorno fuera por lo demás lúgubre (y, si lo vieras con luz ultravioleta, sucio).

Incluir una pastilla de jabón ya usada, o un bote de champú económico medio vacío, no parecía conferir la misma sensación de cuidado que dar uno nuevo a cada huésped. Había que empaquetar cada artículo de forma individual, envolverlo en papel decorativo o verterlo en pequeñas botellas de plástico, y desecharlo después de que cada huésped se marchara, aunque no lo hubiera tocado.

Para una persona con tendencia a ser consciente de la naturaleza y de su propia huella en el medio ambiente, esto podría desencadenar un ataque de pánico. (A algunas personas se les diagnostica ahora "ecoansiedad".)

Seipler canalizó esta energía de forma productiva. Con un nuevo propósito, fundó una organización que recicla el jabón de hotel usado: funde las pastillas parcialmente usadas y las convierte en otras nuevas, luego las coloca en envoltorios nuevos (como esperan los consumidores) y distribuye las nuevas pastillas de jabón a las personas necesitadas. El grupo se llama Clean the World.

En su sede de Florida, enormes contenedores de jabón parcialmente usado se separan por tipos, para no mezclar colores y aromas al fundirlos y darles nueva forma. Las pastillas se trituran y se derriten juntas; el calor del proceso desinfecta cualquier resto de materia humana, y el producto final es una pastilla de buen aspecto que puede enviarse a todo el mundo. El grupo dice que ha enviado unos 50 millones de barras a más de 100 países.

El esfuerzo se convirtió en parte de una historia que es mucho más grande que el desperdicio de jabón. Aunque Clean the World se ocupa principalmente de prevenir enfermedades infecciosas relacionadas con la higiene, también se trata de la dignidad de tener cubiertas las necesidades básicas. El uso excesivo de productos de higiene es más que un problema medioambiental, más que los antibióticos y las botellas de champú de plástico que se acumulan en islas de basura en el océano. Incluso los problemas mencionados de las enfermedades autoinmunes, del eczema y el acné y el asma y todo lo demás que podemos haber desencadenado sobre nosotros mismos en los países ricos, son sólo una parte de la cuestión.

Al mismo tiempo que las condiciones de exceso y aislamiento aumentan en gran parte del mundo, en otros lugares la muerte evitable y las enfermedades infecciosas asolan a los 2000 millones de personas que carecen de acceso a sanidad básica. En 2019 el UNICEF informó que un tercio de la población mundial no tiene acceso regular a agua potable, y, aún más, no tiene forma de lavarse las manos en casa con agua y jabón. El problema de la higiene en el mundo no es simplemente que haya demasiado o muy poco, sino un desequilibrio radical.

Clean the World forma parte del programa de las Naciones Unidas de Agua, Saneamiento e Higiene (WASH, por sus siglas en inglés), una rama de la iniciativa para "acabar con la pobreza extrema, reducir las desigualdades y hacer frente al cambio climático global". Gran parte de esto se reduce al agua y al jabón. Los problemas más visibles en el mundo tienen que ver con situaciones de catástrofe. Por ejemplo, tras el terremoto de Haití en 2010, unas 8000 personas murieron de cólera, que es un asunto por completo evitable con agua limpia e higiene.

Pero gran parte del efecto de la pobreza en la salud tiene que ver con los hábitos de higiene cotidianos. En 2020 la principal causa de muerte de los niños menores de cinco años sigue siendo las enfermedades relacionadas con la higiene, en especial diarrea y neumonía. Se calcula que alrededor de 90% de estas muertes se puede prevenir con higiene, saneamiento y agua limpia. En términos de vidas salvadas por cada dólar gastado, quizá no haya una inversión médica más eficaz que el acceso universal a instalaciones para lavarse las manos y a sanitarios que drenen lejos de las fuentes de agua potable.

Uno de los países en que el problema es más evidente es Mozambique, donde, según la ONU, la mitad de la población carece de acceso al agua potable. Meldina Jalane, ama de casa de 45 años, creció en la ciudad más poblada del país, Maputo. Pasó su infancia y su temprana edad adulta acarreando agua para abastecer la casa de su familia, me dice con naturalidad. Ella y sus hermanos iban al pozo cuatro veces a la semana, por lo general por la noche, para evitar el calor y aumentar las probabilidades de que el pozo no estuviera seco, y llevaban agua de vuelta para llenar el depósito de la casa. Cuando tenía 10 años, cargaba cinco litros. Al llegar a la edad adulta, era una aguadora profesional que llevaba 40 litros a la vez (en la cabeza) a las obras de construcción para mezclar el cemento.

Incluso cuando el depósito de agua de su familia estaba lleno, todavía había un paso entre el vertido y el consumo. Había que hervir el agua para que fuera segura. Ahora Jalane utiliza un producto llamado Certeza, que se puede poner en el depósito para purificarla. El producto es una solución de hipoclorito de sodio que se diluye en el punto de consumo. Se lanzó en 2004 y se vendió a precios reducidos en el sector privado. Se trata de un enfoque individualista del agua limpia: en lugar de reunir recursos y desinfectar el agua de forma centralizada, cada persona lleva consigo pequeñas botellas de un producto que puede verter en el agua antes de beberla.

Éstas se distribuyen gracias a una unión de inversión gubernamental y ayuda internacional. Brenda y Stephen Valdes-Robles, estadounidenses que trabajaron con USAID en este y otros proyectos en torno a Maputo durante casi toda la última década, describen el alcance del problema como algo inconcebible en gran parte del mundo desarrollado. Durante la mayor parte de la historia, y todavía en grandes regiones del mundo, un suministro público de agua fiable, aquel que muchos de nosotros damos por sentado, ha sido sinónimo de lujo.

Jalane visitó recientemente Estados Unidos por primera vez. En Nueva York, dijo que lo que más le fascinó de la ciudad fue la regularidad con la que se recoge la basura. En Estados Unidos, la ciudad tiene fama de oler a inmundicia, sobre todo en verano. Es realmente milagroso que el Departamento de Sanidad de Nueva York sea capaz de mantener una ciudad tan densa sin que huela a residuos fétidos.

A pesar del valor del agua, y tal vez por ello, aparecer limpia siempre ha sido una prioridad para Jalane y su familia, por la que vale la pena caminar durante la noche. Si había alguna esperanza para la movilidad ascendente que pudo lograr, y que se vincula a los estándares sociales que relacionan limpieza y estatus, no podía permitirse el lujo de presentarse de otra manera.

La situación de Mozambique no es única. Estamos, y de alguna manera hemos estado, en medio de lo que los expertos en salud pública consideran una "crisis mundial del agua".

A pesar de todas las idealistas innovaciones que se pregonan en Silicon Valley y en las conferencias de tecnología sanitaria mundial sobre la curación de síndromes metabólicos raros y el desentrañamiento de la compleja fisiopatología del cáncer, la comunidad médica sigue luchando por satisfacer una necesidad aparentemente sencilla: proporcionar a la gente agua y escusados.

"La higiene es una de las intervenciones sanitarias más rentables del planeta —dice Sarina Prabasi—. Y eso es sólo jabón y agua, principalmente." Cuando hablamos, Prabasi era la directora general de WaterAid, una organización mundial sin ánimo de lucro que considera que la salud y el acceso al agua son una misma cosa. WaterAid trabaja en los países con menos acceso al agua, construyendo depósitos de agua de lluvia, bombas manuales y pozos. Su grupo estima que 60% de la población mundial vive en situación de "estrés hídrico", lo que significa que no tiene agua potable cerca de su casa que sea segura para beber.

Esto no sólo significa que cientos de miles de niños mueren de enfermedades infecciosas, sino también que la producción de agua se convierte en una de las principales preocupaciones y una actividad que requiere mucho tiempo para gran parte de la población mundial. Prabasi estuvo antes en Etiopía, donde ayudó a combatir el tracoma, la principal causa de ceguera evitable en el mundo. "Fue uno de los ejemplos más horrendos de sufrimiento que he visto", dice, describiendo la debilitante infección en la que las pestañas se vuelven hacia dentro. "Está relacionado principalmente con la higiene. Se puede prevenir con un lavado de cara."

Esta infección, común entre los niños de edad preescolar, puede ser eliminada por el sistema inmunitario. Pero después de años de infecciones repetidas, el interior del párpado se cicatriza y las pestañas, ya orientadas hacia dentro, arañan la córnea hasta el punto de provocar ceguera. Esto ocurre hasta cuatro veces más a menudo en las mujeres que en los hombres, probablemente debido a su desproporcionada responsabilidad en el cuidado de los niños. La OMS cifra el costo económico anual en unos 8 000 millones de dólares.

Mientras que enfermedades como el tracoma son ahora problemas localizados, Prabasi ve retos mucho más universales en lo que suele ser el tema más difícil de abordar: la higiene menstrual. Los efectos de ignorar este elemento básico de la biología humana resuenan en toda la economía mundial, y afectan la posición de las mujeres en todos los países que no proporcionan una educación integral y productos de higiene fácilmente accesibles (incluido Estados Unidos). En todo el mundo, millones de niñas abandonan la escuela cada año por problemas de higiene relacionados con la menstruación.

"La higiene menstrual se ha convertido en una parte mucho más importante de nuestro trabajo a lo largo de los años", dice Prabasi. Señala que el estigma de la menstruación es especialmente fuerte en Nepal, donde no es raro que las jóvenes dejen de asistir a la escuela durante cuatro o cinco días al mes por no tener una forma de gestionar la menstruación.

"En muchos casos no hay privacidad ni baño en la escuela —dice—, lo que significa que se retrasan académicamente, lo que luego se traduce en que es mucho más probable que abandonen la escuela por completo."

En Mozambique, sólo 25% de las escuelas rurales tiene baños.

En estos casos de graves disparidades en la salud a causa de la falta de higiene, incluso intervenciones muy pequeñas —tal vez incluso el costo de un solo frasco de crema facial probiótica no transgénica— podrían cambiar completamente la trayectoria de una vida.

Mientras escribía este libro estaba en una reunión con el decano de la Escuela de Salud Pública de Yale, donde enseño, discutiendo sobre lo que siento que es la única cosa de la que hablo desde que me acuerdo: la higiene y los microbios de la piel; en ese momento sus ojos se iluminaron. Me explicó que, hace décadas, en respuesta a una oleada de muertes, había realizado varios estudios sobre las duchas vaginales.

Las consecuencias de las duchas vaginales —el acto de enjuagar la vagina con agua y otros productos para "limpiarla"— pueden ser el primer caso ampliamente reconocido de los efectos negativos de la higiene en la microbiota. Aunque las campañas de salud pública han ido disipando poco a poco las ideas sobre la necesidad o la seguridad de las duchas vaginales, éstas se practicaron durante siglos. En la década de 1940, Lysol se anunciaba como una forma de "salvaguardar el encanto femenino" con su "asombroso y probado poder para matar la vida de los gérmenes al contacto", que "realmente limpia el canal vaginal". Muchos médicos lo recomendaban o pensaban que era una cuestión inofensiva de aseo, hasta que los epidemiólogos empezaron a detectar tasas más altas de infecciones entre las mujeres que se hacían duchas vaginales.

Era difícil convencer al público de que desinfectar o enjuagar cualquier cosa podía ser perjudicial, a menos que los productos utilizados estuvieran contaminados. Pero las infecciones no eran del tipo que podía venir en una bolsa. A menudo eran gonorrea y clamidia. Mi decano, Sten Vermund, razonó en un artículo publicado en 2002, en coautoría con su colega Jenny Martino, que la limpieza debía estar agotando los microbios normales que se supone que viven en el canal vaginal. Al desaparecer éstos, los tejidos quedan abiertos a la presencia de infecciones de transmisión sexual que llenan un "nicho ecológico".

En Alabama, donde ambos trabajaban por aquel entonces, los médicos estaban viendo casos de infecciones peritoneales que ponían en peligro la vida y de embarazos ectópicos como resultado de las duchas vaginales, especialmente entre las mujeres afroamericanas e hispanas. Las infecciones se extendían por el tracto reproductivo y por toda la pelvis. Aunque en algunos lugares ya se había informado sobre los riesgos, las poblaciones con menos acceso a la atención médica solían correr el mayor riesgo de desinformación y comercialización selectiva, así como de infecciones avanzadas debido a la falta de atención primaria.

Parte de la razón por la que se tardó tanto en descubrir lo que estaba ocurriendo, y por lo que algunas mujeres en Estados Unidos y en todo el mundo siguen practicando las duchas vaginales, fue la falta de conversaciones sobre la salud de las mujeres. Un retraso similar en la respuesta pública fue parte de la historia del síndrome de shock tóxico, la condición mortal que ocurre cuando el sistema inmunitario se pone en marcha en respuesta al *Staph. aureus* que crece en los tampones, a menudo relacionados con dejarlos demasiado tiempo. Muchas enfermedades y muertes graves podrían haberse evitado con una mejor información y la voluntad de todos de hablar más sobre todo tipo de higiene y, por supuesto, el acceso a los tampones. A menudo se dejan puestos por una cuestión de recursos limitados. Los tampones y otros productos menstruales son algunos de los únicos productos de higiene que podrían considerarse esenciales. Sin embargo, en la mayoría de los estados de Estados Unidos se gravan con una importante tasa impositiva. Y ello a pesar de

243

la ley federal que prohíbe gravar los productos médicamente necesarios.

Los tabúes en torno a la sexualidad y la higiene que se combinaron para mantener estos problemas poco estudiados y poco discutidos también se extienden a la higiene anal. El hecho es que la mayoría de las enfermedades infecciosas se reducen a la gestión de los residuos, y lavarse las manos después de ir al baño sólo sirve para eliminar la materia fecal. La mayoría de la gente no se lava las manos a fondo o en absoluto después de defecar, incluso en lugares donde hay agua y jabón. Los investigadores del estado de Míchigan estudiaron la tasa de lavado de manos en los baños públicos en 2013 y la situaron en 5 por ciento.

Las manos, por supuesto, no son el único lugar que necesita limpieza. Los visitantes de los países ricos se horrorizan a menudo con las prácticas de aseo promedio de los estadounidenses. El mercado ha sido dominado por el papel higiénico seco durante décadas. Hay pocos anuncios de "una forma mejor de limpiarse el trasero". Las toallitas húmedas envasadas han experimentado un aumento de popularidad en los últimos tiempos, aunque pueden plantear problemas medioambientales, como la obstrucción de las alcantarillas. Además, son muy caras. Las marcas más recientes fabrican productos biodegradables que afirman ser desechables, pero siguen siendo mucho más caras que el papel de baño tradicional. Los costos medioambientales del transporte también se suman. La solución extremadamente razonable, sin necesidad de usar las manos, que gran parte del mundo ha descubierto, es el bidé, que sigue estando fuera del ámbito de discusión para muchos estadounidenses.

Cuando la gente oye que has dejado de bañarte, se nota que casi todo el mundo piensa en la higiene relacionada con el inodoro, pero sólo algunos preguntan al respecto.

La escasez de bidés en Estados Unidos es incluso una razón por la que algunas personas se bañan, porque el papel higiénico seco es inadecuado. No llegarías de trabajar en el jardín y te lavarías las manos con una toalla de papel seca, así que ¿por qué el papel seco sería la norma para limpiar la materia fecal real?

A pesar de toda la prosperidad e ingenio del "mayor país del mundo" o de la "brillante ciudad sobre una colina", no hemos hecho ningún progreso en el ámbito de la limpieza de nuestro ano. Las grandes fuerzas del capitalismo estadounidense han dejado el mercado prácticamente intacto. Incluso los romanos tenían artilugios que superaban el papel higiénico seco, prefiriendo las esponjas en palos.

Así que éste es un tema que siento que debo abordar. Si no te gusta la palabra *ano*, tal vez quieras saltarte esta parte y dar un largo paseo y reflexionar sobre ese miedo a los anos. Di la palabra en voz alta, una y otra vez, cada vez más fuerte, hasta que pierda su poder sobre ti. Éste es el primer paso para limpiar el ano de forma eficaz y eficiente, lo que supone un paso hacia importantes beneficios medioambientales y sanitarios a escala mundial. Las asociaciones peyorativas son desafortunadas, porque es una parte del cuerpo notable.

No he invertido en un retrete japonés mecanizado (aunque la gente confía en ellos) ni en un simple bidé, ni tampoco he fabricado una esponja en un palo. Pero tengo un gran truco para el papel higiénico.

El secreto es que se puede conseguir una higiene anal extremadamente adecuada de la misma manera que tantas otras cosas en la vida, utilizando agua y un poco de papel higiénico. Mójalo en el lavabo y luego retira el exceso de agua. Eso es todo.

La pregunta que sigue suele ser: "¿No se deshará cuando se moje?" La respuesta es no, a no ser que lo empapes. Una pequeña cantidad de humedad puede hacer más de lo que podría lograrse con papel seco, y con menos necesidad de comprar caros papeles higiénicos ultrasuaves (algunos de los cuales anuncian que contienen hidratantes). Esto significa utilizar un papel menos costoso y menos cantidad, ya que el agua hace que el proceso sea mucho más eficiente.

Los baños públicos suponen un reto. Es descortés situarse cerca del lavabo para limpiarse. A no ser que lo hagas para dar a conocer que, en todo el mundo, casi 700 millones de personas tienen que defecar al aire libre. En Madagascar, Mozambique, Namibia y Zimbabue, la proporción de población rural que practica la "defecación al aire libre" es mayor que la proporción que tiene acceso a una letrina básica.

En cualquier caso, asegúrate de lavarte las manos.

La ecologista de la piel Jenni Lehtimäki paseaba por un barrio residencial de Copenhague en 2017 cuando se encontró con un parque infantil lleno de niños. "Me sorprendió mucho", recuerda con gentil alegría, porque a diferencia de la mayoría de los parques infantiles, éste tenía vacas. Al mirar a su alrededor, vio que también había gallinas, cabras y pequeños ponis. Cuenta la escena con el esperado entusiasmo de una ecologista que se topa con un hábitat urbano ecológicamente diverso: "Me dije: '¿Qué es este lugar?'"

El lugar no era un zoológico, sino un simple parque público que también tenía animales, llamado Bondegården ("granja"). Resulta ser una de las muchas cosas que el gobierno danés promete a los padres: "Su hijo puede experimentar, tocar y ver muchos animales diferentes". También ofrece programas extraescolares en los que los niños trabajan realmente en el cuidado de los animales. A Lehtimäki le encanta esta actividad, no sólo porque enseña a los niños la responsabilidad y el valor que conlleva acorralar a los pollos, sino porque también los expone a algunos microbios no humanos, lo que, en su opinión, podría tener algunos beneficios reales. Lehtimäki dice que esto es exactamente lo que le gustaría ver en Finlandia. (Oír que incluso la gente de Finlandia envidia el progreso social de otros países es catártico.)

Este enfoque de las guarderías sustentado en la naturaleza se está extendiendo. En Finlandia hay algunas guarderías orientadas a la naturaleza, y no se limitan a dibujar árboles y hacer que los niños lean a Emerson. "Pasan todo el día al aire libre —dice Lehtimäki—. Incluso en invierno cuando puede haber 25 [grados centígrados] bajo cero y hacer mucho frío." Se aconseja a los padres que vistan a sus hijos con muchas capas, según las noticias finlandesas sobre una de estas guarderías. También se sugiere que se haga correr a los niños de tres a cinco años si se quejan: "Si los niños tienen frío, los adultos los activan". Durante el otoño y la primavera tienen "semanas de casas de campaña" en las que duermen al aire libre en el bosque.

Fue en una de estas guarderías donde Lehtimäki realizó un estudio en el que comparó las microbiotas de la piel de estos niños con los de una guardería más tradicional y encontró, como era de esperar, una mayor biodiversidad. No me imaginaba que ese tipo de guardería fuera bien recibida en Estados Unidos, donde mimamos a nuestros jóvenes y vamos a juicio cuando nuestros hijos mueren de hipotermia. Pero lo cierto es que están surgiendo programas basados en la naturaleza. Uno de ellos se encuentra cerca de mi casa, en Park Slope, Brooklyn: Brooklyn Forest, donde se imparte una clase para padres e hijos en edad preescolar destinada a ayudar a los niños a construir "una conexión significativa con la naturaleza y la vida silvestre [...] con un trabajo físico vigoroso y alimentos nutritivos; con ritmos simples y cantos constantes; con sentirse en casa en el bosque".

Esta conexión ocurre en Prospect Park. Estos objetivos se ajustan a la intención del parque cuando se construyó hace 150 años, excepto el canto, que no estaba explícitamente recogido en la visión de su diseñador, Frederick Law Olmsted. Conocido por algunos como el "padre de la arquitectura paisajística", se dio a conocer como el visionario detrás de las 340 hectáreas de Central Park en Manhattan. En Prospect Park, un poco más pequeño, ubicado en el centro de Brooklyn, una serie de carteles colgados en una glorieta relatan la historia de este improbable movimiento. A mediados del siglo XIX un gran parque público era una idea nueva: "La pobreza, el malestar social, las malas condiciones sanitarias y las epidemias que asolaban las ciudades estadounidenses convencieron a muchos dirigentes de que la vida urbana era demasiado estresante para sus ciudadanos —dice uno de los carteles—. Prospect Park fue creado para llevar el efecto saludable y calmante de la naturaleza a todos los ciudadanos de Brooklyn".

La creación de estos lugares fue una empresa larga y costosa. Aunque el costo de la construcción de Prospect Park se estimó originalmente en 300 000 dólares, el proyecto, que duró siete años, acabó costando más de cinco millones de dólares (más de 150 millones de dólares en la actualidad). Olmsted y su equipo trazaron meticulosamente cada hectárea en pergaminos y fueron diseñados para capturar perfectamente un ideal paisajístico "natural". Prospect Park, con sus bosques y praderas salpicados de túneles y puentes adornados sobre arroyos perfectamente serpenteantes, rosaledas sin pretensiones y cascadas casuales, se diseñó de forma deliberada para que tuviera ese aspecto al despertar.

El proyecto se basaba en una visión que pretendía reconceptualizar lo que faltaba en la vida moderna, qué impulsaría las epidemias del futuro y qué podría hacerse para detenerlas.

Frederick Law Olmsted, un espíritu milenario idealista que vivía en los años cuarenta del siglo XIX, pasó décadas rebotando entre profesiones, en busca de algo significativo. Criado como puritano y con suficientes medios familiares para explorar múltiples caminos sin comprometerse, navegó a China como aprendiz de marinero y luego se dedicó a la agricultura en Staten Island, todo el tiempo buscando una forma de contribuir al mundo a pesar del viejo problema de que, según una biografía, "encontraba desagradable seguir una carrera por dinero".

Y así, se convirtió en periodista. Lo que siguió fue una serie de carreras al estilo de *Forrest Gump* que lo situaron en el centro de la guerra más importante del país: el diseño de muchas ciudades importantes, el concepto mismo de lo que es una ciudad y el desarrollo del papel del gobierno en la salud. Los primeros trabajos periodísticos de Olmsted consistieron principalmente en reportajes sobre la esclavitud en los estados del sur, pero fue un viaje a pie por Inglaterra en 1850 lo que le hizo descubrir su vocación. El país acababa de inaugurar su primer parque financiado con fondos públicos, llamado Birkenhead, en un suburbio de Liverpool. Lo visitó y tuvo lo que sus biógrafos describen como una especie de epifanía clásica. En la jerga moderna de los oradores de TED, fue un "momento ¡ajá!".

Se dio cuenta de la auténtica combinación de arte y naturaleza del parque y la comunidad que se reunía en él. A Olmsted le entusiasmó especialmente descubrir que la belleza de

Birkenhead era compartida "casi por igual por todas las clases sociales", en una época en la que la mayoría de los parques solían estar en fincas privadas o, como en el caso del Gramercy Park de Manhattan, cercado por rejas.

Ser un "crisol de razas" formaba parte, aparentemente, de la declaración de intenciones de Estados Unidos, pero en la práctica, a medida que se trazaban las líneas entre los terratenientes ricos y los inmigrantes empobrecidos, había menos espacios para mezclarse. Años más tarde, en sus paseos para ir a trabajar como editor en el *Putnam's Monthly*, Olmsted fue testigo del nacimiento del Bajo Manhattan. Lo que había sido tierra de cultivo una década antes era ahora un laberinto de edificios de poca altura construidos a toda prisa, con múltiples departamentos estrechos, oscuros y muy calurosos o helados. Estos edificios se conocerían como *tenements*.*

Aunque muchos han sido renovados y vendidos por millones de dólares, unos pocos se conservan como recuerdo de los retos sanitarios que la vida urbana puso de manifiesto de inmediato. Al visitar el Tenement Museum de Nueva York, parecen casi espaciosos para los estándares neoyorquinos, hasta que el guía me dice que 10 personas se apiñaban en cada departamento. Los antiguos residentes del que visité tuvieron la suerte de contar con tres sanitarios en el patio trasero, que compartían con los clientes del pub del primer piso. Otros dejaban a la gente en los callejones y las calles.

En el verano de 1857 estallaron disturbios en Manhattan. En las cuatro décadas anteriores, la población de la isla se había multiplicado por más de cuatro. El espacio y los recursos que muchos buscaban al emigrar se sintieron de pronto

---

* Los *tenements* son viviendas muy pequeñas con condiciones de espacio limitado. (N. de la T.)

finitos, y una sensación de escasez se cernió sobre ellos. A medida que la ciudad se iba llenando durante los años previos a los disturbios, los dirigentes municipales decidieron que la cura para el malestar social era el espacio público. Se reservó una franja de la isla para lo que se convertiría en el primer parque público del país.

Aunque se iba a construir en una zona en la que el valor de los inmuebles se aproximaría algún día a los 200 000 dólares por metro cuadrado, y en la que esos metros cuadrados podían apilarse en rascacielos, la ciudad contaba con el pleno apoyo de sus élites financieras para reservar 340 hectáreas, bajo el auspicio de convertir a Nueva York en una gran ciudad global y envidiable.

En consonancia con el espíritu competitivo estadounidense, la ciudad convocó un concurso de diseño de parques. Olmsted se asoció con el arquitecto Calvert Vaux (quien, según muchos testimonios, hizo la mayor parte del trabajo real, pero fue una cara menos pública). La pareja se proclamó vencedora en 1858 con algo que iba mucho más allá de un parque: una visión de la vida artística y cultural, que ocupaba un área tan grande que debía incluir un castillo gótico en el centro para orientar a los paseantes. Olmsted creía que serían necesarios enormes parques públicos que sirvieran de "pulmones de la ciudad", ya que los cielos se llenaban de esmog industrial.

Quizá su creencia estaba basada en la arcaica teoría del miasma de las enfermedades (aquella en la que se creía que males como la peste se propagaban por medio de misteriosos vapores), pero la importancia del aire limpio para la salud también era, por supuesto, cierta. Miasma se traduce literalmente como *aire viciado* o *polución*.

Aunque la teoría del miasma era técnicamente inexacta, también dio lugar a brillantes innovaciones sanitarias.

Olmsted y Vaux hicieron hincapié en el buen drenaje de la tierra y las vías fluviales y en las "instalaciones sanitarias", es decir, los baños públicos. En la mayor parte de Nueva York hay que comprar un café expreso de tres dólares sólo para usar el baño. El acceso a los baños es una de las razones por las que algunas personas que conozco mantienen costosas membresías de gimnasios. Mientras tanto, en Central Park hay 21 baños públicos.

Esto formaba parte de una visión de la vida social que ahora parece surrealista. La ciudad no sólo construyó baños, sino también santuarios con elaborados azulejos para el saneamiento. La fuente más grande de Central Park es, en realidad, un homenaje al acueducto que trajo por primera vez agua dulce a la ciudad desde el norte del estado apenas 16 años antes. Antes conocíamos claramente el valor del aire y el agua limpios, la naturaleza y los espacios comunes.

El valor del terreno de Central Park se estimó en más de 500 000 millones de dólares en 2005, una cifra que seguramente ha seguido aumentando con el mercado inmobiliario de la ciudad. Aunque, por supuesto, caería en picada si se construyera algo sobre él, al igual que el resto de la propiedad de Manhattan. El declive de la salud y la comunidad puede ser aún mayor.

El trabajo de Olmsted en Central Park llamó la atención de Henry Bellows, un ministro unitario de Nueva York. Al comienzo de la Guerra Civil, Bellows ayudó a establecer la Comisión Sanitaria de Estados Unidos para tratar las condiciones de los campamentos del Ejército de la Unión, y recomendó a Olmsted para dirigir la nueva organización.

El novel equipo interdisciplinario que Olmsted reclutó incluiría no sólo médicos, sino también un arquitecto e ingeniero, teólogos, filántropos y analistas financieros.

Al principio, los generales de la Unión se mostraron reacios a que la Comisión Sanitaria rediseñara sus campamentos, ya que consideraban el esfuerzo como una distracción. Los brotes periódicos del virus de la viruela, extremadamente mortífero, o de la fiebre amarilla podrían atraer la atención del público. Pero otras afecciones, como la tuberculosis, la malaria, las neumonías y las enfermedades diarreicas, se consideraban realidades cotidianas inevitables.

Esto cambió a raíz de la derrota del Ejército de la Unión en Bull Run en 1861. Lincoln estaba desesperado por revertir la situación. La Comisión Sanitaria de Olmsted argumentó que las condiciones de vida de los soldados habían contribuido a la derrota. En su informe al presidente, Olmsted escribió que las tropas estaban desmoralizadas por la fatiga, el calor y la "falta de comida y bebida". El ejército no era conocido por las comodidades de su estilo de vida, por supuesto, pero los campamentos se habían vuelto particularmente míseros. Los generales y el mando en Washington se habían preocupado poco más allá de armar a los hombres y mantenerlos ambulantes. Todo lo demás era un despilfarro o una frivolidad, y no una cuestión de estrategia. Olmsted sostenía que sí lo era. Abogó por invertir en el bienestar de las personas, para que siguieran funcionando correctamente. En cierto sentido, era uno de los primeros programas de bienestar en el lugar de trabajo de la historia, como los escritorios con caminadoras de Google o las cabinas de siesta del *Huffington Post*. Para luchar eficazmente, Olmsted instó a dar prioridad a la medicina preventiva y a la salud de los soldados.

Cuando el gobierno estadounidense finalmente permitió a la comisión acceder a los campos, Olmsted y sus colegas exigieron cambios en la ubicación para minimizar la contaminación de los alimentos y el agua, para ventilar los reducidos espacios en los que los soldados vivían y para permitir que los alimentos se almacenaran y prepararan de forma segura. Con estos cambios se produjo un aumento de la moral y del rendimiento. La lección se extendió a conflictos posteriores. La Comisión Sanitaria de Olmsted se convirtió en el núcleo de la Cruz Roja estadounidense.

Esto sería sólo una primera parte de su efecto total en la salud pública, y su papel en la configuración de la apariencia y la cultura de la nación, que unió en su momento de mayor división.

Al otro lado del océano, por la misma época, los británicos combatían la expansión rusa en Crimea. Heridos y enfermos en el clima desconocido, las filas estaban siendo diezmadas por enfermedades infecciosas. Según algunos informes, morían 10 veces más soldados por enfermedades infecciosas (tifus, fiebre tifoidea, cólera y disentería) que en el campo de batalla.

Londres reunió una brigada de enfermeras voluntarias dirigidas por Florence Nightingale. Cuando las enfermeras llegaron al hospital militar, se encontraron con soldados heridos y moribundos en condiciones espantosas. En el siglo XIX los hospitales no eran lugares donde la gente iba a curarse, sino a sufrir y morir. Eran una especie de antesala del infierno, o del cielo, perdón, del paraíso. Depende de ti.

Nightingale encontró los lugares reprensiblemente húmedos. No hacía falta entender la teoría de los gérmenes para ver que las barbas y las sábanas de los hombres estaban llenas de piojos y pulgas, excrementos errantes y ratas por doquier. Nightingale creía que los hombres necesitaban aire. El gobierno británico envió una novedosa "Comisión

Sanitaria" en busca de refuerzos, y ella les ordenó abrir nuevas puertas y ventanas para que la brisa fluyera por las habitaciones.

Casi al instante el estado de los hombres mejoró, aunque nadie sabía exactamente por qué. El *London Times* se refirió a Nightingale como un "ángel ministerial". Aunque los hombres pensaban que su trabajo era trivial en tiempos de guerra, cuando la tasa de mortalidad comenzó a disminuir (de acuerdo con un informe la tasa bajó de 40 a 2%) los líderes militares e incluso la reina se dieron cuenta.

Nightingale se convirtió en una defensora de la mejora de los cuidados y las condiciones en los hospitales. La historia de Crimea se extendió y cambió el funcionamiento de muchas instituciones. En uno de sus libros, *Notas sobre los hospitales*, defiende la necesidad de mejorar la ventilación, aumentar las ventanas, el drenaje y reducir las condiciones de hacinamiento, es decir, soluciones que preveían todos los retos de las ciudades y los hospitales modernos.

Aunque Nightingale fue posiblemente por un momento la primera *influencer* de la higiene en el mundo, a finales de siglo las raíces de la teoría de los gérmenes se afianzarían. La defensa de Nightingale del aire libre y la exposición a la naturaleza se perdió en la cruzada por eliminar todos los microbios. Los temores legítimos a la contaminación y la infección se convirtieron en un tema fundamental, la limpieza se transformó en sinónimo de esterilidad. Los hospitales modernos competían por ofrecer condiciones aparentemente impolutas y privacidad personal. Las personas se alojaban en pequeñas habitaciones con poca ventilación. Las ventanas eran pequeñas y se mantenían cerradas en aras de ayudar con las cuentas de la calefacción y por una idea general de esterilidad que no incluía lo que el viento pudiera arrastrar consigo.

Sólo en los últimos años se han empezado a comprender las imperfecciones de este enfoque. Las técnicas de modelización del flujo de aire han permitido rastrear brotes en hospitales que bien podrían haberse evitado con simples ventanas abiertas. Y el conocimiento de la microbiota hace evidente que el concepto no consiste sólo en dejar escapar a los patógenos, sino en dejar entrar a los microbios beneficiosos e intrascendentes.

Como dijo el microbiólogo Jack Gilbert en una conferencia de 2012: "Hay una comunidad bacteriana buena que vive en los hospitales, y si se intenta acabar con esa comunidad bacteriana buena con agentes de esterilización y con un exceso de antibióticos, en realidad se está destruyendo este campo verde, esta capa protectora, y entonces estas bacterias malas pueden saltar y empezar a causar infecciones de origen hospitalario [o mediadas por el hospital]".

Este mundo microbiano deja claro que la salud es un equilibrio: equilibrio entre la salud personal y la pública; equilibrio entre estar demasiado expuesto y demasiado aislado. Entre los ricos, la tendencia al aislacionismo suele triunfar. Cuando entrevisté al empresario (y autor de "más de 86 libros") Deepak Chopra en 2017, acababa de lanzar un nuevo negocio de venta de "inmuebles de bienestar". Los departamentos de lujo de varios millones de dólares en Nueva York y Miami tienen elaborados sistemas de filtración de aire y barras de cocina que supuestamente matan todos los microbios.

Si este negocio inmobiliario del bienestar se basara en evidencia, es mucho más probable que adoptara el enfoque contrario. Los departamentos maximizarían el vínculo social y la exposición. Las viviendas de bienestar podrían incluso ofrecer la posibilidad de poblar los espacios y las superficies con microbios benignos y beneficiosos. Ahora se pueden comprar aerosoles bacterianos para habitaciones (Goop vende uno, que se lanzó cuando empecé a escribir este libro) y dispositivos "homebiotic" para uso doméstico que rocían bacterias en el aire. Mejor probado y más económico, dice Gilbert, es abrir las ventanas.

Eso sí, siempre que los niveles de contaminación del aire lo hagan posible.

Después de cinco meses oscuros en departamentos diminutos y excesivamente caros, el primer fin de semana cálido en Prospect Park se siente como si todo el mundo volviera a la vida de forma simultánea y agresiva. Aunque vivo en un departamento de 25 metros cuadrados, tengo 212 hectáreas que también son mías, pero mejor, porque recorrerlas solo no sería nada divertido. Y el costo de mantener el cobertizo para botes me pondría de nervios. La atracción más popular es el sencillo bucle interior, un camino pavimentado sin coches de más de cinco kilómetros. La oportunidad de correr o ir en bicicleta sin que te interrumpan los coches o los cruces de carretera es una rareza incluso en los suburbios. Te permite perderte en tus pensamientos. Lo hago casi todos los días, y funciona como correr en casi ningún otro lugar de la ciudad. Parte de este libro se escribió en las mesas de picnic del parque; atendí llamadas con investigadores mientras caminaba por los senderos. He hecho uso de los baños públicos.

Las necesidades más urgentes en el ámbito de la salud humana hoy en día, globalmente, son el aire y el agua limpios. Le siguen de cerca los sanitarios, la conexión social, la exposición a la naturaleza y una vida activa en un entorno seguro. Para una persona que quiera maximizar su efecto en la salud humana, cualquiera de estos objetivos presenta oportunidades que no requieren un título médico ni la consiguiente deuda de préstamos estudiantiles. Y todas estas ideas, y la respuesta a la mejor manera de cuidar nuestra piel, confluyen en el parque.

La obra viva de Olmsted sigue siendo la columna vertebral de Nueva York: fue uno de los diseñadores de los parques Union Square, Morningside y Riverside. Su visión también está esculpida en otras ciudades del país. Mientras los muros de la urbanización se cerraban, Olmsted recorrió el país sembrándolo de parques. Seguro de que el rápido crecimiento del país se agravaría en las ciudades, protegió espacios para que las clases se mezclaran y el aire y el agua circularan. Predijo que Central Park se situaría un día en el corazón de una metrópolis y vio su trabajo como una preservación para las generaciones futuras.

Y así nos dio, entre otras cosas: los terrenos del Capitolio de Estados Unidos y el Zoológico Nacional en Washington, D.C.; los terrenos de la Feria Mundial de Chicago, el campus de la Universidad de Stanford y los parques de Louisville, Atlanta y Búfalo. Finalmente se trasladó a Boston, donde rodeó la ciudad con un corredor de espacios verdes de unas 400 hectáreas. Una cadena de nueve parques se extiende desde Dorchester hasta Back Bay y Boston Common, con una longitud total de 11 kilómetros. Olmsted quería llamarlo Jeweled Girdle (la Franja de Joyas). Afortunadamente se decantó por el nombre de Emerald Necklace (Collar de Esmeraldas). Los parques están conectados por lo que él llamó "caminos de placer", un concepto que se conocería como *parkways* o senderos.

Al mismo tiempo que se construían estas personificaciones vivas de la salud pública —junto con los sistemas públicos de agua y saneamiento que añadirían décadas a la esperanza de vida en todo el mundo—, las empresas privadas también empezaron a desarrollar medicamentos para controlar y tratar enfermedades. En combinación, las comunidades de la medicina y la salud pública consiguieron controlar la viruela, la poliomielitis y la difteria. En Norteamérica, la malaria y la fiebre amarilla fueron prácticamente erradicadas.

Con la capacidad de tratar y curar a los individuos con enfermedades, el futuro de la medicina parecía brillante. Los médicos ya no paliaban, tapando el dolor y amputando miembros, sino que curaban. Trataban los procesos de la enfermedad a nivel celular. La inversión sanitaria se centró en los tratamientos individuales, que con el tiempo fueron cada vez más específicos y costosos. Ahora hemos entrado en la era de la "medicina personalizada". En 2016 moderé una mesa redonda en la que se puso en marcha la Iniciativa de Medicina de Precisión, cuando el presidente Obama y los principales científicos federales del país anunciaron su compromiso de invertir en tratamientos adaptados a la biología específica de cada persona.

En aquel momento sólo era ligeramente escéptico. Ahora me doy cuenta de que esta forma de pensar está desviando nuestra atención de las cuestiones mucho más urgentes. El compromiso necesario para construir estilos de vida activos, colaborativos, comprometidos y sociales que son la base de la salud. Los dos enfoques no son mutuamente excluyentes, por supuesto, pero hemos girado demasiado hacia el autocuidado, los suplementos dietéticos, las recetas, el cuidado de la piel, los entrenadores personales, los quiroprácticos, los gurús y los medicamentos hechos para adaptarse a nuestro ADN. Pronto podríamos adaptarlos también a nuestras microbiotas.

Ahora que veo los costos de este enfoque individualista en tantas industrias multimillonarias —farmacéuticas, cosméticas, de suplementos— no estoy convencido de que deba ser prioritaria una mayor inversión en tratamientos que funcionen para un número cada vez menor de personas. Estos enfoques de la salud, por su diseño, tratan los síntomas y las enfermedades una vez que se han producido. El incentivo del mercado es maximizar el uso de un producto, no minimizarlo.

Hoy en día, en las ciudades de rápido crecimiento del mundo en desarrollo, millones de personas soportan condiciones de vida comparables a las de los *tenements* del Lower East Side. Las viejas enfermedades de la privación siguen proliferando, pero ahora se combinan con las enfermedades de la abundancia. Algunas partes del mundo necesitan desesperadamente servicios sanitarios e higiénicos básicos, alimentos y agua, mientras que otras han acaparado las fuentes en su propio detrimento.

Un siglo y medio después de que la visión de Olmsted sobre la salud pública le llevó a construir parques, hemos construido vallas y muros, y muchos de nosotros vivimos en callejones sin salida con pastos llenos de plaguicidas y herbicidas que pretenden acabar con todo menos con una especie concreta de hierba. Nuestros cuartos de baño están llenos de frascos, cremas y aerosoles que prometen protegernos del mundo exterior, y ahora, cada vez más, restaurar los ecosistemas que hemos devastado.

En 1950, 751 millones de personas vivían en ciudades. Hoy esa cifra es de 4 200 millones. Para 2050, se prevé que habrá 2 500 millones más en esas ciudades erosionadas y en expansión. Cada persona tendrá menos exposición a la naturaleza, a la luz del sol, al espacio para hacer ejercicio. A medida que cambiamos nuestros mundos, cambiamos nuestros cuerpos. La vieja dualidad entre salud ambiental y salud humana ha quedado obsoleta.

Por eso me sentí tan absurdo al estar de pie siete pisos por encima de Bryant Park, esperando a que me frotaran ácido hialurónico y sueros caros en la cara, solo detrás de una ventana que no se abría.

No estoy sugiriendo que todo el mundo deba abandonar el cuidado de la piel o dejar de bañarse. Más que nada, todo este experimento me ayudó a comprender su valor. Estos hábitos son profundamente personales, y es importante que las decisiones sobre ellos se tomen con la máxima autonomía. Sin embargo, esto requiere información, y aquí es donde el panorama se inclina hacia sistemas que no siempre funcionan a nuestro favor. Este libro sólo pretende ofrecer una perspectiva alternativa de cómo nuestros hábitos personales de cuidado afectan nuestro cuerpo y las comunidades que nos rodean. El avance de la salud pública depende de que se cuestionen de forma constante los sistemas que presumen de establecer las normas de lo que consumimos y de cómo nos comportamos. Depende de que comprendamos que estamos todos juntos en esto, y que no se resolverán los problemas aislándonos de las exposiciones que nos sustentan, persiguiendo un estado inefable de limpieza.

Epílogo

Uno de los lugares más peligrosos en los que puede estar una persona, en términos de enfermedades infecciosas graves, es en un hospital.

Es posible que lo más contaminado en un hospital sea la gente que va de habitación en habitación tocando a todo el mundo. Aunque ahora hay ordenanzas que obligan a los médicos a lavarse las manos, en la mayoría de los casos rara vez lavan sus batas blancas. La gente me pregunta por qué los médicos se ponen la bata quirúrgica en público, y hasta dónde es mejor quedarse lejos de esta gente. No puedo dar una distancia exacta. No es una práctica ideal, y sin duda es posible que estas personas en bata quirúrgica estén propagando microbios patógenos en la comunidad. Pero probablemente sea más acuciante el hecho de que los médicos y otros trabajadores sanitarios propaguen infecciones en los hospitales. Según los CDC, cada día uno de cada 31 pacientes de un hospital estadounidense contrae una infección por algún tipo de exposición mientras está allí.

Cuando estaba en la residencia, hice un estudio en nuestro pequeño hospital de Cambridge para tratar de entender cómo quieren los pacientes que se vistan sus médicos. Distribuí una encuesta que contenía fotos mías en diferentes estados de atuendo: pijama quirúrgica con bata blanca, sólo pijama, camisa y corbata, sin corbata, con y sin bata blanca, etc. Resultó que las preferencias de la gente eran muy dispares. Algunos eran más propensos a confiar en un médico con traje formal, aunque sabían cosas preocupantes, como que las corbatas no se limpian después de cada uso. Otros querían un médico em pijama porque parece más preparado y dispuesto a hacer el trabajo real. Además, los uniformes se lavan más a menudo que las batas o las corbatas. Una de las cosas que aprendí fue que, aunque estos uniformes son algo peligrosos, también aportan un valor real a la interacción médico-paciente. Algunos los ven como símbolos de estatus que crean barreras para la comunicación y la confianza; otros los ven como signos de profesionalidad y confianza. Son elementos que se perderían si los responsables del control de infecciones de algunos hospitales se salieran con la suya y pidieran a los médicos que llevaran trajes desechables de cuerpo entero y respiradores en todas las habitaciones.

Este tipo de protección extrema también haría que las personas (a las que de repente se les llama "pacientes") en los hospitales se sintieran más deshumanizadas de lo que suelen estar. El requisito básico de que los médicos se laven o higienicen las manos antes y después de tocar a cualquier paciente puede hacer que la gente se sienta como un espécimen repugnante. A veces las precauciones son vitales. Pero otras veces sirven para desconectar y alienar.

Los mensajes psicológicos que nos enviamos unos a otros —como médicos y demás— son una razón para mantener unas normas básicas de limpieza. Todavía no me "baño" en un sentido totalmente tradicional, pero nunca llevaría una bata blanca dos días seguidos sin lavarla. Nunca traería una corbata en un entorno sanitario si no la lavara con la misma frecuencia que el resto de mi ropa. Muchas mañanas abro el grifo y me inclino para mojarme el cabello, porque de lo contrario parece aplastado y enmarañado con el típico almohadazo, y no creo que la gente lo encuentre respetuoso.

A lo largo de la redacción de este libro me he dado cuenta de que la vanidad es una pequeña parte de la explicación de las formas de cuidar nuestra piel. También lo es el hecho de no ofender a los demás. En muchos sentidos, nos limpiamos y adornamos como una forma de honrar a los demás. Esto es obvio en el acto de llevar un traje a un funeral, por ejemplo, pero se manifiesta más sutilmente cada día cuando mostramos que nos esforzamos por estar presentables, ya sea para una cita o una reunión o simplemente para tomar un café. Esto era lo que más me preocupaba cuando salía con el almohadazo o con mal olor: esa sensación de incomodidad, menos de ser juzgado que de parecer irrespetuoso con todos los que se tomaron el tiempo de arreglarse para los demás.

Al tener en cuenta la frecuencia y la gravedad de las infecciones hospitalarias y la mortalidad intrahospitalaria relacionadas con los errores médicos, muchos días me pregunté qué bien hacía yo como médico. Todo lo bueno que hace el sector sanitario tiene un costo anual de más de tres billones y medio de dólares sólo en Estados Unidos. La cifra se acerca a 20% de nuestro producto interno bruto. En 2018 el gasto en atención sanitaria fue de 11 172 dólares en promedio por persona.

Desde los productos farmacéuticos hasta los jabones y otros productos de cuidado personal, los estadounidenses están pagando en exceso —y utilizando en exceso—

productos y servicios que supuestamente nos hacen más saludables. El modelo de consumo es insostenible, y gran parte de él puede estar haciendo más daño que bien. Los mayores avances fueron esos gestos básicos de exposición a la naturaleza: dejarnos espacio para movernos, aire limpio para respirar, gente con la que socializar y establecer relaciones, y plantas, animales y suelo que nos traen los microbios con los que evolucionamos para cubrirnos y mantenernos.

Al enterarme de los nuevos conocimientos sobre la microbiota de la piel en los últimos años, confirmé que es un producto bastante brillante de millones de años de evolución, un superorganismo compuesto por billones de otros organismos que estaban bien antes de que nosotros llegáramos y lo hará bien cuando nos hayamos ido. No es necesario mantener el ecosistema de alguna manera elaborada; ya sabíamos de antemano qué hacía que nuestra piel se viera bien: dormir y comer bien, minimizar la ansiedad y pasar tiempo en la naturaleza.

Para mí ha sido aún más reconfortante descubrir que hay buenas razones de salud para pasar tiempo en la naturaleza, tener mascotas y ser social. Nuestros instintos han sido en su mayoría correctos: de alguna manera sabemos que ir de excursión es mejor que subirnos a una caminadora; que la jardinería es mejor que ir a comprar al supermercado; que mantener las plantas de la casa hace algo por nosotros que hace que valga la pena preocuparse por conservarlas vivas.

A pesar de mi clara aversión a la idea de que se vendan productos inútiles basados en falsas promesas, no me falta la esperanza de que las cosas puedan mejorar. A medida que he ido conociendo la historia del mercado del jabón y lo que ha supuesto para la teoría de los gérmenes y la higiene —popularizar nociones que de otro modo serían difíciles de vender— me he vuelto algo optimista sobre lo que hará el concepto de probióticos para la piel. Los productos probióticos para la piel pueden ser en sí mismos una pérdida de dinero y de tiempo, y pueden causar algunas reacciones negativas en las personas. Pero si está en nuestra naturaleza arreglarnos, y es inevitable que nos vendan productos para hacerlo, la narrativa general se mueve en una dirección más saludable.

Si nuestra piel hablara puede desafiar la definición, pero está repleto de significado. Puede implicar aislamiento y esterilización, o pluralidad y diversidad. Las normas de aceptabilidad son sociales, transitorias y en gran medida arbitrarias. Sin embargo, la consideración de nuestras microbiotas podría hacer que más personas tomaran conciencia del hecho de que la forma en que cuidamos nuestra piel nunca nos afecta sólo a nosotros. Literalmente, hay comunidades sobre nosotros y a nuestro alrededor. Afectan todo lo que hacemos, y todo lo que hacemos les afecta a ellas.

Lo ideal es que la búsqueda de la limpieza implique preocuparse menos por los estándares estrictos de esterilidad y, en cambio, abrazar nuestras complejidades. La búsqueda consiste en entender el mundo como una extensión de nosotros mismos. Cuando buscamos activamente un equilibrio entre la higiene selectiva y la exposición significativa a ese mundo, el sentido de unidad resultante puede ser lo más cercano a la esencia de la limpieza que he encontrado hasta ahora.

Agradecimientos

Este libro está dedicado a mis padres, Nancy y Jim, y a mi abuela Norma.

Existe principalmente gracias a la brillantez y al incansable trabajo de mi esposa, Sarah Yager, y de la editora, Courtney Young.

Tampoco habría sido posible sin la generosidad y la sabiduría de las numerosas fuentes, colegas y entusiastas de los microbios que compartieron conmigo su tiempo, ideas, conocimientos, investigaciones y hábitos personales de higiene. Estoy especialmente en deuda con los trabajos de Luis y Fortuna Spitz, Val Curtis, Graham Rook, Jenni Lehtimäki, Julie Segre, Julia Scott, Jack Gilbert, Rob Dunn, Elizabeth Poynter, Katherine Ashenberg y Justin Martin, y con la perspicacia y el tiempo de Alicia Yoon, Autumn Henry, Emily Kreiger, Rachel Winard, Julia Oh, Annie Gottlieb, Jane Cavolina, Adina Grigore, David y Michael Bronner, Avi Gilbert, Eric Lupfer, Kelly Conaboy, Leah Finnegan, Mariam Gomaa, Jackie Shost y Katie Martin, entre muchos otros.

También agradezco la orientación y el apoyo durante la redacción del libro de Victoria Costales, Howard Forman, David Bradley, Sten Vermund, Adrienne LaFrance, Jeffrey Goldberg, Ross Andersen y Paul Bisceglio. También a todos los que compartieron el espacio físico conmigo durante los procesos de experimentación descritos en estas páginas.

Referencias

1. Inmaculado

Abuabara, Katrina, *et al.*, "Prevalence of Atopic Eczema Among Patients Seen in Primary Care: Data from the Health Improvement Network", *Annals of Internal Medicine* 170, núm. 5 (2019): 354-356. https://doi.org/10.7326/M18-2246.

Armelagos, George, *et al.*, "Disease in Human Evolution: The Re-emergence of Infectious Disease in the Third Epidemiological Transition", *AnthroNotes* 18 (1996): 1-7. https://doi.org/10.5479/10088/22354.

"Base Price of Cigarettes in NYC Up to $13 a Pack", *Spectrum News NY1*, 1º. de junio de 2018. https://www.ny1.com/nyc/all-boroughs/health-and-medicine/2018/06/01/new-york-city-cigarettes-base-price.

Bharath, A. K., y R. J. Turner, "Impact of Climate Change on Skin Cancer", *Journal of the Royal Society of Medicine* 102, núm. 6 (2009): 215-218.

Chauvin, Juan Pablo, *et al.*, "What Is Different about Urbanization in Rich and Poor Countries? Cities in Brazil, China, India and the United States", *Journal of Urban Economics* 98 (2017): 17-49.

Chitrakorn, Kati, "Why International Beauty Brands Are Piling into South Korea", *Business of Fashion*, 19 de diciembre de 2018.

Chung, Janice, y Eric L. Simpson, "The Socioeconomics of Atopic Dermatitis", *Annals of Allergy, Asthma and Immunology* 122 (2019): 360-366. https://www.ncbi.nlm.nih.gov/pubmed/30597208.

Clausen, Maja-Lisa, *et al.*, "Association of Disease Severity with Skin Microbiome and Filaggrin Gene Mutations in Adult Atopic Dermatitis", *JAMA Dermatology* 154, núm. 3 (2018): 293-300.

Dréno, B., "What Is New in the Pathophysiology of Acne, an Overview", *Journal of the European Academy of Dermatology and Venereology* 31, núm. 55 (2017): 8-12. https://doi.org/10.1111/jdv.14374.

Garcia, Ahiza, "The Skincare Industry Is Booming, Fueled by Informed Consumers and Social Media", CNN, 10 de mayo de 2019.

Hajar, Tamar, y Eric L. Simpson, "The Rise in Atopic Dermatitis in Young Children: What Is the Explanation?", *JAMA Network Open* 1, núm. 7 (2018): e184205.

Hamblin, James, "I Quit Showering, and Life Continued", *The Atlantic*, 9 de junio de 2016. https://www.theatlantic.com/health/archive/2016/06/i-stopped-showering-and-life-continued/486314/.

Hou, Kathleen, "How I Used Korean Skin Care to Treat My Eczema", *The Cut*, 15 de agosto de 2019. https://www.thecut.com/2018/02/how-i-used-korean-skin-care-to-treat-my-eczema.html.

Kusari, Ayan, *et al.*, "Recent Advances in Understanding and Preventing Peanut and Tree Nut Hypersensitivity", *F1000 Research* 7 (2018). https://doi.org/10.12688/f1000research.14450.1.

Laino, Charlene, "Eczema, Peanut Allergy May Be Linked", *WebMD*, 1.º de marzo de 2010. https://www.webmd.com/skin-problems-and-treatments/eczema/news/20100301/eczema-peanut-allergy-may-be-linked#1.

Mooney, Chris, "Your Shower Is Wasting Huge Amounts of Energy and Water. Here's What You Can Do About It", *Washington Post*, 4 de marzo de 2015.

Nakatsuji, Teruaki, *et al.*, "A Commensal Strain of *Staphylococcus epidermidis* Protects Against Skin Neoplasia", *Science Advances* 4, núm. 2 (2018): eaao4502. http://advances.sciencemag.org/content/4/2/eaao4502.

Paller, Amy S., *et al.*, "The Atopic March and Atopic Multimorbidity: Many Trajectories, Many Pathways", *Journal of Allergy and Clinical Immunology* 143, núm. 1 (2019): 46-55.

Rocha, Marco A., y Ediléia Bagatin, "Adult-Onset Acne: Prevalence, Impact, and Management Challenges", *Clinical, Cosmetic and Investigational Dermatology* 11 (2018): 59-69. https://doi.org/10.2147/CCID.S137794.

"Scientists Identify Unique Subtype of Eczema Linked to Food Allergy", Institutos Nacionales de Salud, Departamento de Salud y Servicios Humanos de los Estados Unidos, 20 de febrero de 2019.

Shute, Nancy, "Hey, You've Got Mites Living on Your Face. And I Do, Too", NPR, 28 de agosto de 2014.

Skotnicki, Sandy, *Beyond Soap: The Real Truth about What You Are Doing to Your Skin and How to Fix It for a Beautiful, Healthy Glow*, Toronto: Penguin Canada, 2018.

Spergel, Jonathan M., y Amy S. Paller, "Atopic Dermatitis and the Atopic March", *Journal of Allergy and Clinical Immunology* 112, núm. 6 supl. (2003): S118-27.

Talib, Warnidh H., y Suhair Saleh, "*Propionibacterium acnes* Augments Antitumor, Anti-Angiogenesis and Immuno-modulatory Effects of Melatonin on Breast Cancer Implanted in Mice", *PLoS ONE* 10, núm. 4 (2015): e0124384.

Thiagarajan, Kamala, "As Delhi Chokes on Smog, India's Health Minister Advises: Eat More Carrots", NPR, 8 de noviembre de 2019.

2. Pureza

Ashenburg, Katherine, *The Dirt on Clean: An Unsanitized History*, Toronto: Knopf Canada, 2007.

Behringer, Donald C., *et al.*, "Avoidance of Disease by Social Lobsters", *Nature* 441 (2006): 421.

Blackman, Aylward M., "Some Notes on the Ancient Egyptian Practice of Washing the Dead", *The Journal of Egyptian Archaeology* 5, núm. 2 (1918): 117-124.

Boccaccio, Giovanni, *The Decameron*, David Wallace (trad.), Landmarks of World Literature, Cambridge, U. K.: Cambridge University Press, 1991.

Curtis, Valerie A., "Dirt, Disgust and Disease: A Natural History of Hygiene", *Journal of Epidemiology and Community Health* 61, núm. 8 (2007): 660-664. https://doi.org/10.1136/jech.2007.062380.

——, "Hygiene", en *Berkshire Encyclopedia of World History*, 2ª ed., William H. McNeill *et al.* (eds.), 1283-1287, Great Barrington, MA: Berkshire, 2010.

——, "Infection-Avoidance Behaviour in Humans and Other Animals", *Trends in Immunology* 35, núm. 10 (2014): 457-464. http://dx.doi.org/10.1016/j.it.2014.08.006.

——, "Why Disgust Matters", *Philosophical Transactions of the Royal Society B* 366, núm. 1583 (2011): 3478-3490. https//:doi.org/10.1098/rstb.2011.0165.

Fagan, Garrett, *Bathing in Public in the Roman World*, Ann Arbor: University of Michigan Press, 2002.

——, "Three Studies in Roman Public Bathing", tesis doctoral, McMaster University, 1993.

Foster, Tom, "The Undiluted Genius of Dr. Bronner's", *Inc.*, 3 de abril de 2012.

Galka, Max, "From Jericho to Tokyo: The World's Largest Cities Throug History—Mapped", *The Guardian*, 6 de diciembre de 2016.

Goffart, Walter, *Barbarian Tides: The Migration Age and the Later Roman Empire*, Filadelfia: University of Pennsylvania Press, 2006.

Hennessy, Val, "Washing Our Dirty History in Public", *Daily Mail*, 1.º de abril de 2008. https://www.dailymail.co.uk/home/books/article-548111/Washing-dirty-history-public.html.

Horrox, Rosemary (trad. y ed.), *The Black Death*, Manchester Medieval Sources series. Manchester, UK: Manchester University Press, 1994.

Jackson, Peter, "Marco Polo and His 'Travels'", *Bulletin of the School of Oriental and African Studies* (University of London) 61, núm. 1 (1998): 82-101.

Konrad, Matthias, *et al.*, "Social Transfer of Pathogenic Fungus Promotes Active Immunisation in Ant Colonies", *PLoS Biology* 10, núm. 4 (2012): e1001300.

Morrison, Toni, "The Art of Fiction", núm. 134. Entrevista por Elissa Schappell y Claudia Brodsky Lacour, *Paris Review* 128 (otoño de 1993). https://www.theparisreview.org/interviews/1888/toni-morrison-the-art-of-fiction-no-134-toni-morrison.

Poynter, Elizabeth, *Bedbugs and Chamberpots: A History of Human Hygiene*, CreateSpace, 2015.

Prum, Richard O., *The Evolution of Beauty: How Darwin's Forgotten Theory of Mate Choice Shapes the Animal World— and Us*, Nueva York: Doubleday.

Roesdahl, Else, *et al.* (eds.), *The Vikings in England and in Their Danish Homeland*, Londres: The Anglo-Danish Viking Project, 1981.

Schafer, Edward H., "The Development of Bathing Customs in Ancient and Medieval China and the History of the Floriate Clear Palace", *Journal of the American Oriental Society* 76, núm. 2 (1956): 57-82.

Schwartz, David A. (ed.), *Maternal Death and Pregnancy-Related Morbidity Among Indigenous Women of Mexico and Central America: An Anthropological, Epidemiological, and Biomedical Approach*, Cham, Suiza: Springer International, 2018.

Yegül, Fikret, *Bathing in the Roman World*, Nueva York: Cambridge University Press, 2010.

3. Espuma

Bollyky, Thomas J., *Plagues and the Paradox of Progress: Why the World Is Getting Healthier in Worrisome Ways*, Cambridge, MA: The MIT Press, 2018.

Cox, Jim, *Historical Dictionary of American Radio Soap Operas*, Lanham, MD: Scarecrow Press / Rowman and Littlefield, 2005.

"Donkey Milk", *World Heritage Encyclopedia*.

"Dr. Bronner's 2019 All-One! Report." https://www.drbronner.com/allone-reports/A1R-2019/all-one-report-2019.html.

Evans, Janet, *Soap Making Reloaded: How to Make a Soap from Scratch Quickly and Safely: A Simple Guide for Beginners and Beyond*, Newark, DE: Speedy Publishing, 2013.

Gladstone, W. E., *The Financial Statements of 1853 and 1860, to 1865*, Londres: John Murray, 1865.

Heyward, Anna, "David Bronner, Cannabis Activist of the Year", *The New Yorker*, 29 de febrero de 2016.

McNeill, William H., *Plagues and Peoples*, Nueva York: Doubleday, 1977.

Mintel Press Office, "Slippery Slope for Bar Soap as Sales Decline 2% since 2014 in Favor of More Premium Options", *Mintel*, 22 de agosto de 2016.

"Palm Oil: Global Brands Profiting from Child and Forced Labour", Amnistía Internacional, 30 de noviembre de 2016. https://www.amnesty.org/en/latest/news/2016/11/palm-oil-global-brands-profiting-from-child-and-forced-labour/.

Port Sunlight Village Trust, "About Port Sunlight: History and Heritage".

Prigge, Matthew, "The Story Behind This Bar of Palmolive Soap", *Milwaukee Magazine*, 25 de enero de 2018.

Savage, Woodson J. III, *Streetcar Advertising in America*, Stroud, Gloucestershire, UK: Fonthill Media, 2016.

"Soap Ingredients", Handcrafted Soap & Cosmetic Guild.

Spitz, Luis, *SODEOPEC: Soaps, Detergents, Oleochemicals, and Personal Care Products*, Champaign, IL: AOCS Press, 2004.

Spitz, Luis (ed.), *Soap Manufacturing Technology*, Urbana, IL: AOCS Press, 2009.

Spitz, Luis, y Fortuna Spitz, *The Evolution of Clean: A Visual Journey Through the History of Soaps and Detergents*, Washington, D.C.: Soap and Detergent Association, 2006.

"Who Invented Body Odor?", Roy Rosenzweig Center for History and New Media. https://rrchnm.org/sidelights/who-invented-body-odor/.

Willingham, A. J., "Why Don't Young People Like Bar Soap? They Think It's Gross, Apparently", CNN, 29 de agosto de 2016.

Wisetkomolmat, Jiratchaya, *et al.*, "Detergent Plants of Northern Thailand: Potential Sources of Natural Saponins", *Resources* 8, núm. 1 (2019). https://doi.org/10.3390/resources8010010.

Zax, David, "Is Dr. Bronner's All-Natural Soap A $50 Million Company or an Activist Platform? Yes", *Fast Company*, 2 de mayo de 2013.

4. Brilla

Baumann, Leslie, *Cosmeceuticals and Cosmetic Ingredients*, Nueva York: McGraw-Hill Education / Medical, 2015.

"Clean Beauty—and Why It's Important", *Goop*.

"Emily Weiss", The Atlantic Festival, YouTube, 8 de octubre de 2018.

Fine, Jenny B., "50 Beauty Execs Under 40 Driving Innovation", *Women's Wear Daily*, 24 de junio de 2016.

Jones, Geoffrey, *Beauty Imagined: A History of the Global Beauty Industry*, Nueva York: Oxford University Press, 2010.

Strzepa, Anna, *et al.*, "Antibiotics and Autoimmune and Allergy Diseases: Causative Factor or Treatment?", *International Immunopharmacology* 65 (2018): 328-341.

Surber, Christian, *et al.*, "The Acid Mantle: A Myth or an Essential Part of Skin Health?", *Current Problems in Dermatology* 54 (2018): 1-10.

Varagur, Krithika, "The Skincare Con", *The Outline*, 30 de enero de 2018.

Warfield, Nia, "Men Are a Multibillion Dollar Growth Opportunity for the Beauty Industry", CNBC, 20 de mayo de 2019.

Wischhover, Cheryl, "Glossier, the Most-Hyped Makeup Company on the Planet, Explained", *Vox*, 4 de marzo de 2019. https://www.vox.com/the-goods/2019/3/4/18249886/glossier-play-emily-weiss-makeup.

——, "The Glossier Machine Kicks into Action to Sell Its New Product", *Racked*, 4 de marzo de 2018. https://www.racked.com/2018/3/4/17079048/glossier-oscars.

5. Desintoxica

Burisch, Johan, *et al.*, "East-West Gradient in the Incidence of Inflammatory Bowel Disease in Europe: The ECCO-EpiCom Inception Cohort", *Gut* 63 (2014): 588-597. http://dx.doi.org/10.1136/gutjnl-2013-304636.

Dunn, Robert R., "The Evolution of Human Skin and the Thousands of Species It Sustains, with Ten Hypothesis of Relevance to Doctors", en *Personalized, Evolutionary, and Ecological Dermatology*, Robert A. Norman (ed.), Cham, Suiza: Springer International Publishing, 2016.

"FDA Authority Over Cosmetics: How Cosmetics Are Not FDA-Approved, but Are FDA-Regulated", Administración de Alimentos y Medicamentos de los Estados Unidos.

Feinstein, Dianne, y Susan Collins, "The Personal Care Products Safety Act", *JAMA Internal Medicine* 178, núm. 5 (2018): 201-202.

"Fourth National Report on Human Exposure to Environmental Chemicals", Departamento de Salud y Servicios Humanos de los Estados Unidos, Centros para el Control y Prevención de Enfermedades, 2009.

Graham, Jefferson, "Retailer Claire's Pulls Makeup from Its Shelves over Asbestos Concerns", *USA Today*, 27 de diciembre de 2017.

"Is It a Cosmetic, a Drug, or Both? (Or Is It Soap?)", Administración de Alimentos y Medicamentos de los Estados Unidos.

"More Health Problems Reported with Hair and Skin Care Products", KCUR, 26 de junio de 2017.

Patterson, Christopher, *et al.*, "Trends and Cyclical Variation in the Incidence of Childhood Type 1 Diabetes in 26 European Centres in the 25-Year Period 1989-2013: A Multicentre Prospective Registration Study", *Diabetologia* 62 (2019): 408-417. https://doi.org/10.1007/s00125-018-4763-3.

——, "Worldwide Estimates of Incidence, Prevalence and Mortality of Type 1 Diabetes in Children and Adolescents: Results from the International Diabetes Federation Diabetes Atlas, 9th edition," *Diabetes Research and Clinical Practice* 157 (2019). https://doi.org/10.1016/j.diabres.2019.107842.

Prescott, Susan, *et al.*, "A Global Survey of Changing Patterns of Food Allergy Burden in Children", *World Allergy Organization Journal* 6 (2013): 1-12. https://doi.org/10.1186/ 1939-4551-6-21.

Pycke, Benny, *et al.*, "Human Fetal Exposure to Triclosan and Triclocarban in an Urban Population from Brooklyn, New York", *Environmental Science & Technology* 48, núm. 15 (2014): 8831-8838. https://doi.org/10.1021/es501100w.

Scudellari, Megan, "News Feature: Cleaning Up the Hygiene Hypothesis", *Proceedings of the National Academy of Sciences of the United States of America* 114, núm. 7 (2017): 1433-1436. https://doi.org/10.1073/pnas.1700688114.

Silverberg, Jonathan I., " Public Health Burden and Epidemiology of Atopic Dermatitis", *Dermatologic Clinics* 35, núm. 3 (2017): 283-289. https://doi.org/10.1016/j.det.2017.02.002.

"Statement on FDA Investigation of WEN by Chaz Dean Cleansing Conditioners", Administración de Alimentos y Medicamentos de los Estados Unidos, 15 de noviembre de 2017.

Strachan, David, "Hay Fever, Hygiene, and Household Size", *British Medical Journal* 299 (1989): 1259-1260. https://doi.org/10.1136/bmj.299.6710.1259.

Vatanen, Tommi, "Variation in Microbiome LPS Immunogenicity Contributes to Autoimmunity in Humans", *Cell* 165, núm. 4 (2016): 842-853. https://doi.org/10.1016/j.cell.2016.04.007.

"Walmart Recalls Camp Axes Due to Injury Hazard", United States Consumer Product Safety Commission, 3 de octubre de 2018.

6. *Minimiza*

"Bacteria Therapy for Eczema Shows Promise in NIH Study", Institutos Nacionales de Salud, Departamento de Salud y Servicios Humanos de Estados Unidos, 3 de mayo de 2018. https://www.nih.gov/news-events/news-releases/bacteria-therapy-eczema-shows-promise-nih-study.

Bennett, James, "Hexachlorophene", *Cosmetics and Skin*, 3 de octubre de 2019.

Bloomfield, Sally F., "Time to Abandon the Hygiene Hypothesis: New Perspectives on Allergic Disease, the Human Microbiome, Infectious Disease Prevention and the Role of Targeted Hygiene", *Perspectives in Public Health* 136, núm. 4 (2016): 213-224.

Böbel, Till S., *et al.*, "Less Immune Activation Following Social Stress in Rural vs. Urban Participants Raised with Regular or No Animal Contact, Respectively", *Proceedings of the National Academy of Sciences* 115, núm. 20 (2018): 5259-5264.

Callard, Robin E., y John I. Harper, "The Skin Barrier, Atopic Dermatitis and Allergy: A Role for Langerhans Cells?", *Trends in Immunology* 28, núm. 7 (2007): 294-298.

"Gaspare Aselli (1581-1626). The Lacteals", *JAMA* 209, núm. 5 (1969): 767. https://doi.org/10.1001/jama.1969.03160180113016.

Gilbert, Jack, y Rob Knight, *Dirt Is Good: The Advantage of Germs for Your Child's Developing Immune System*, Nueva York: St. Martin's Press, 2017.

Hamblin, James, "The Ingredient to Avoid in Soap", *The Atlantic*, 17 de noviembre de 2014.

Holbreich, Mark, *et al.*, "Amish Children Living in Northern Indiana Have a Very Low Prevalence of Allergic Sensitization", *Journal of Allergy and Clinical Immunology* 129, núm. 6 (2012): 1671-1673.

Lee, Hye-Rim, *et al.*, "Progression of Breast Cancer Cells Was Enhanced by Endocrine-Disrupting Chemicals, Triclosan and Octylphenol, via an Estrogen Receptor-Dependent Signaling Pathway in Cellular and Mouse Xenograft Models", *Chemical Research in Toxicology* 27, núm. 5 (2014): 834-842.

MacIsaac, Julia K., *et al.*, "Health Care Worker Exposures to the Antibacterial Agent Triclosan", *Journal of Occupational and Environmental Medicine* 56, núm. 8 (2014): 834-839. https://doi.org/10.1097/jom.0000000000000183.

Rook, Graham, *et al.*, "Evolution, Human- Microbe Interactions, and Life History Plasticity", *The Lancet* 390, núm. 10093 (2017): 521-530. https://doi.org/10.1016/S0140-6736(17)30566-4.

──────── REFERENCIAS ────────

Scudellari, Megan, "News Feature: Cleaning Up the Hygiene Hypothesis", *Proceedings of the National Academy of Sciences* 114, núm. 7 (2017): 1433-1436.

Shields, J. W., "Lymph, Lymphomania, Lymphotrophy, and HIV Lymphocytopathy: An Historical Perspective", *Lymphology* 27, núm. 1 (1994): 21-40.

Stacy, Shaina L., *et al.*, "Patterns, Variability, and Predictors of Urinary Triclosan Concentrations During Pregnancy and Childhood", *Environmental Science and Technology* 51, núm. 11 (2017): 6404-6413.

Stein, Michelle M., *et al.*, "Innate Immunity and Asthma Risk in Amish and Hutterite Farm Children", *New England Journal of Medicine* 375, núm. 5 (2016): 411-421.

Velasquez-Manoff, Moises, *An Epidemic of Absence: A New Way of Understanding Allergies and Autoimmune Diseases*, Nueva York: Scribner, 2012.

Von Hertzen, Leena C., *et al.*, "Scientific Rationale for the Finnish Allergy Programme 2008-2018: Emphasis on Prevention and Endorsing Tolerance", *Allergy* 64, núm. 5 (2009): 678-701.

Von Mutius, Erika, "Asthma and Allergies in Rural Areas of Europe", *Proceedings of the American Thoracic Society* 4 (2007): 212-216.

Warfield, Nia, "Men Are a Multibillion Dollar Growth Opportunity for the Beauty Industry", CNBC, 20 de mayo de 2019. https://www.cnbc.com/2019/05/17/men-are-a-multibillion-dollar-growth-opportunity-for-the-beauty-industry.html/.

7. Volátiles

Baldwin, Ian T., y Jack C. Schultz, "Rapid Changes in Tree Leaf Chemistry Induced by Damage: Evidence for Com-

281

munication Between Plants", *Science* 221, núm. 4607 (1983): 277-279. https://science.sciencemag.org/content/221/4607/277

Costello, Benjamin Paul de Lacy, *et al.*, "A Review of the Volatiles from the Healthy Human Body", *Journal of Breath Research* 8, núm. 1 (2014): 014001.

Emslie, Karen, "To Stop Mosquito Bites, Silence Your Skin's Bacteria", *Smithsonian*, 30 de junio de 2015. https://www.smithsonianmag.com/science-nature/stop-mosquito-bites-silence-your-skins-bacteria-180955772/.

Gols, Richard, *et al.*, "Smelling the Wood from the Trees: Non-Linear Parasitoid Responses to Volatile Attractants Produced by Wild and Cultivated Cabbage", *Journal of Chemical Ecology* 37 (2011): 795.

Guest, Claire, *Daisy's Gift: The Remarkable Cancer-Detecting Dog Who Saved My Life*, Londres: Virgin Books, 2016.

Hamblin, James, "Emotions Seem to Be Detectable in Air", *The Atlantic*, 23 de mayo de 2016.

Maiti, Kiran Sankar, *et al.*, "Human Beings as Islands of Stability: Monitoring Body States Using Breath Profiles", *Scientific Reports* 9 (2019): 16167.

Pearce, Richard F., *et al.*, "Bumblebees Can Discriminate Between Scent-Marks Deposited by Conspecifics", *Scientific Reports* 7 (2017): 43872. https://doi.org/10.1038/srep43872.

Rodríguez-Esquivel, Miriam, *et al.*, "Volatolome of the Female Genitourinary Area: Toward the Metabolome of Cervical Cancer", *Archives of Medical Research* 49, núm. 1 (2018): 27-35.

Verhulst, Niels O., *et al.*, "Composition of Human Skin Microbiota Affects Attractiveness to Malaria Mosquitoes", *PLoS ONE* 6, núm. 12 (2011): e28991. https://doi.org/10.1371/journal.pone.0028991.

8. Probióticos

Benn, Christine Stabell, *et al.*, "Maternal Vaginal Microflora During Pregnancy and the Risk of Asthma Hospitalization and Use of Antiasthma Medication in Early Childhood", *Allergy and Clinical Immunology* 110, núm. 1 (2002): 72-77.

Capone, Kimberly A., *et al.*, "Diversity of the Human Skin Microbiome Early in Life", *Journal of Investigative Dermatology* 131, núm. 10 (2011): 2026-2032.

Castanys-Muñoz, Esther, *et al.*, "Building a Beneficial Microbiome from Birth", *Advances in Nutrition* 7, núm. 2 (2016): 323-330.

Clausen, Maja-Lisa, *et al.*, "Association of Disease Severity with Skin Microbiome and Filaggrin Gene Mutations in Adult Atopic Dermatitis", *JAMA Dermatology* 154, núm. 3 (2018): 293-300.

Council, Sarah E., *et al.*, "Diversity and Evolution of the Primate Skin Microbiome", *Proceedings of the Royal Society B* 283, núm. 1822 (2016): 20152586. https://doi.org/10.1098/rspb.2015.2586.

Dahl, Mark V., "*Staphylococcus aureus* and Atopic Dermatitis", *Archives of Dermatology* 119, núm. 10 (1983): 840-846.

Dotterud, Lars Kåre, *et al.*, "The Effect of UVB Radiation on Skin Microbiota in Patients with Atopic Dermatitis and Healthy Controls", *International Journal of Circumpolar Health* 67, núm. 2-3 (2008): 254-260.

Flandroy, Lucette, *et al.*, "The Impact of Human Activities and Lifestyles on the Interlinked Microbiota and Health of Humans and of Ecosystems", *Science of the Total Environment* 627 (2018): 1018-1038.

Fyhrquist, Nanna, *et al.*, "*Acinetobacter* Species in the Skin Microbiota Protect Against Allergic Sensitization and Inflammation", *Journal of Allergy and Clinical Immunology* 134, núm. 6 (2014): 1301-9.e11.

Grice, Elizabeth A., y Julie A. Segre, "The Skin Microbiome", *National Reviews in Microbiology* 9, núm. 4 (2011): 244-253.

Grice, Elazbeth A., *et al.*, "Topographical and Temporal Diversity of the Human Skin Microbiome", *Science* 324, núm. 5931 (2009): 1190-1192.

Hakanen, Emma, *et al.*, "Urban Environment Predisposes Dogs and Their Owners to Allergic Symptoms", *Scientific Reports* 8 (2018): 1585.

Jackson, Kelly M., y Andrea M. Nazar, "Breastfeeding, the Immune Response, and Long-term Health", *Journal of the American Osteopathic Association* 106, núm. 4 (2006): 203-207.

Karkman, Antti, *et al.*, "The Ecology of Human Microbiota: Dynamics and Diversity in Health and Disease", *Annals of the New York Academy of Sciences* 1399, núm. 1 (2017): 78-92.

Kim, Jooho P., *et al.*, "Persistence of Atopic Dermatitis (AD): A Systematic Review and Meta-Analysis", *Journal of the American Academy of Dermatology* 75, núm. 4 (2016): 681-687. https://doi.org/10.1016/j.jaad.2016.05.028.

Lehtimäki, Jenni, *et al.*, "Patterns in the Skin Microbiota Differ in Children and Teenagers Between Rural and Urban Environments", *Scientific Reports* 7 (2017): 45651.

Levy, Barry S., *et al.* (eds.), *Occupational and Environmental Health: Recognizing and Preventing Disease and Injury*, 6ª. ed., Nueva York: Oxford University Press, 2011.

Mueller, Noel T., *et al.*, "The Infant Microbiome Development: Mom Matters", *Trends in Molecular Medicine* 21, núm. 2 (2015): 109-117.

Myles, Ian A., *et al.*, "First-in-Human Topical Microbiome Transplantation with *Roseomonas mucosa* for Atopic

Dermatitis", *JCI Insight* 3, núm. 9 (2018). https://doi. org/10.1172/jci.insight.120608.

Picco, Federica, *et al.*, "A Prospective Study on Canine Atopic Dermatitis and Food-Induced Allergic Dermatitis in Switzerland", *Veterinary Dermatology* 19, núm. 3 (2008): 150-155.

Richtel, Matt, y Andrew Jacobs, "A Mysterious Infection, Spanning the Globe in a Climate of Secrecy", *New York Times*, 6 de abril de 2019.

Ross, Ashley A., *et al.*, "Comprehensive Skin Microbiome Analysis Reveals the Uniqueness of Human Skin and Evidence for Phylosymbiosis within the Class Mammalia", *Proceedings of the National Academy of Sciences* 115, núm. 25 (2018): E5786-E5795.

Scharschmidt, Tiffany C., "*S. aureus* Induces IL-36 to Start the Itch", *Science Translational Medicine* 9, núm. 418 (2017): eaar2445.

Scott, Julia, "My No-Soap, No Shampoo, Bacteria-Rich Hygiene Experiment", *New York Times*, 22 de mayo de 2014.

Textbook of Military Medicine, Washington, D. C.: Office of the Surgeon General at TMM Publications, 1994.

Van Nood, Els, *et al.*, "Duodenal Infusion of Donor Feces for Recurrent Clostridium Difficile", *New England Journal of Medicine* 368 (2013): 407-415. https://doi.org/10. 1056/ NEJMoa1205037.

Wattanakrai, Penpun, y James S. Taylor, "Occupational and Environmental Acne", en *Kanerva's Occupational Dermatology*, Thomas Rustemeyer *et al.* (eds.) (Berlín: Springer, 2012).

Winter, Caroline, "Germ-Killing Brands Now Want to Sell You Germs", *Bloomberg Businessweek*, 22 de abril de 2019.

9. Renueva

Beveridge, Charles E., "Frederick Law Olmsted Sr.", Nacional Association for Olmsted Parks.

Borchgrevink, Carl P., *et al.*, "Handwashing Practices in a College Town Environment", *Journal of Environmental Health*, abril de 2013. https://msutoday.msu.edu/_/pdf/assets/2013/hand-washing-study.pdf.

Fee, Elizabeth, y Mary E. Garofalo, "Florence Nightingale and the Crimean War", *American Journal of Public Health* 100, núm. 9 (2010): 1591. https://doi.org/10.2105/AJPH.2009.188607.

Fisher, Thomas, "Frederick Law Olmsted and the Campaign for Public Health", *Places*, noviembre de 2010.

Koivisto, Aino, "Finnish Children Spend the Entire Day Outside", Turku.fi, 16 de noviembre de 2017. http://www.turku.fi/en/news/2017-11-16_finnish-children-spend-entire-day-outside.

Martin, Justin, *Genius of Place: The Life of Frederick Law Olmsted*, Boston: Da Capo Press, 2011.

National Archives, "Florence Nightingale." https://www.nationalarchives.gov.uk/education/resources/florence-nightingale/.

Olmsted, Frederick Law, y Jane Turner Censer, *The Papers of Frederick Law Olmsted, Volume IV: Defending the Union: The Civil War and the U.S. Sanitary Commission 1861-1863*, Baltimore: Johns Hopkins University Press, 1986.

Rich, Nathaniel, "When Parks Were Radical", *The Atlantic*, septiembre de 2016.

Ruokolainen, Lasse, *et al.*, "Green Areas Around Homes Reduce Atopic Sensitization in Children", *Allergy* 70, núm. 2 (2015): 195-202.

"Sanitation", UNICEF, junio de 2019. https://data.unicef.org/topic/water-and-sanitation/sanitation/.

"Sanitation", OMS, 14 de junio de 2019. https://www.who.int/news-room/fact-sheets/detail/sanitation.

"Trachoma", OMS, 27 de junio de 2019. https://www.who.int/news-room/fact-sheets/detail/trachoma. https://eportfolios.macaulay.cuny.edu/munshisouth10/group-projects/prospect-park/history/.

"WASH Situation in Mozambique", UNICEF. https://www.unicef.org/mozambique/en/water-sanitation-and-hygiene-wash.

Si nuestra piel hablara de James Hamblin
se terminó de imprimir en agosto de 2022
en los talleres de
Litográfica Ingramex S.A. de C.V.,
Centeno 162-1, Col. Granjas Esmeralda, C.P. 09810,
Ciudad de México.